Willner – Heimische Schmetterlinge in ihren Lebensräumen

Wolfgang Willner

Heimische Schmetterlinge in ihren Lebensräumen

entdecken und erkennen

Quelle & Meyer Verlag Wiebelsheim

Die Angaben in diesem Buch sind vom Autor und dem Verlag sorgfältig erwogen und geprüft, dennoch kann keine Garantie übernommen werden. Eine Haftung des Autors bzw. des Verlags und seiner Beauftragten für Personen-, Sach- und Vermögensschäden ist ausgeschlossen.

Bibliografische Information der Deutschen Nationalbibliothek
Die Deutsche Nationalbibliothek verzeichnet diese Publikation in der Deutschen Nationalbibliografie; detaillierte bibliografische Daten sind im Internet über http://dnb.d-nb.de abrufbar.

Die Vorauflage erschien unter dem Titel „Die Schmetterlinge Deutschlands in ihren Lebensräumen".

www.quelle-meyer.de

Umschlagabbildungen: Wolfgang und Otto Willner
Druck und Verarbeitung: Belvédère Print & Packaging B.V., Niederlande
Printed in the EU/Imprimé en Europe
ISBN 978-3-494-01659-7

Inhalt

Vorwort

Die Beschäftigung mit der heimischen Natur gehört nach wie vor zum interessantesten, mit dem man sowohl seine Freizeit als auch sein Arbeitsleben verbringen kann. In unserer Zeit ist durch viele Einflüsse der modernen Gesellschaft die Beziehung zur Natur immer mehr verschüttet worden. Es ist leider weit verbreitet, dass die Kenntnis heimischer Automarken oder der so beliebten PC-Spiele bei weitem die heimischen Tier- und Pflanzenarten übertrifft. Gerade das Interesse an Schmetterlingen war bis ins vorige Jahrhundert ein weit verbreitetes Hobby. Dieses Buch soll etwas von der Begeisterung des Autors für diese Vertreter der ansonsten oft zu Unrecht verachteten Insekten vermitteln. Frei nach einer alten Weisheit: „Nur was man kennt, kann man auch schützen." Die Formenvielfalt, Pracht und Artenfülle, die unsere heimischen Schmetterlinge vermitteln, ist einzigartig. Auch die vielen überraschenden Verhaltensweisen und biologischen Besonderheiten, die erst in jüngster Zeit näher erforscht wurden, sind voller faszinierender Details. Ließe sich mit den fliegenden Edelsteinen nicht gerade jungen Menschen wieder Natur näher bringen? Der Autor selbst wurde in seiner Jugend durch seinen Vater an seine Leidenschaft, die Natur- und speziell die Schmetterlingsfotografie, herangeführt und konnte viel von ihm lernen. Der Grundstock für das umfangreiche Fotoarchiv und die spätere Naturfilmarbeit für das Bayerische Fernsehen war gelegt. Dieses Buch ist dem 2007 verstorbenen Vater Otto Willner, von dem auch eine Reihe der Bilder stammen, gewidmet. Mit der Begeisterung für die Natur trat für den Autor auch die Verpflichtung, die Natur aktiv zu schützen und beim Bund Naturschutz in Bayern e.V. aktiv und ehrenamtlich mitzuarbeiten, in den Vordergrund.

Wir verzichten hier auf wissenschaftlich, trockene Fachausdrücke und vermitteln nur das notwendige Wissen.

Die wichtigsten, aber auch schönsten heimischen Schmetterlinge und ihre Lebensräume werden vorgestellt. Zusätzlich wird eine Auswahl der nur an spezifischen Stellen vorkommenden Arten beschrieben. Für eine weitergehende Bestimmung sei vom Autor auf die beiden bereit im Verlag erschienenen Bände „Taschenlexikon der Schmetterlinge Europas" zu allen Tagfaltern und vielen Nachtfaltern verwiesen. Danken für die tatkräftige Unterstützung bei der Suche auf gemeinsamen Exkursionen und bei der Arbeit an diesem Buch möchte ich Klaus Brünner, Robert Hirmer, Xaver Irlbeck, Werner Redl, Günter Roiger, Heinz Tuschl und besonders Heinrich Vogel für seine Korrekturarbeiten.

Für meinen Vater

Einführung

In der wohl artenreichsten Tiergruppe weltweit, den Insekten, stellen die Schmetterlinge die faszinierendsten Vertreter dar. Ihre Farbenpracht und Formenvielfalt ist einzigartig. Selbst unser so häufiges Tagpfauenauge kann es an Schönheit, Eleganz und Farbigkeit durchaus mit großen tropischen Vertretern aufnehmen, und wir empfinden Sympathie für diese scheinbar so mühe- und lautlos durch die Luft fliegenden Gaukler. Diese Tiere haben schon im Altertum die Fantasie der Menschen beflügelt und zu vielen Mythen und Dichtungen angeregt. Tagfalter fliegen am liebsten bei Sonne und Wärme und lassen sich dann auch gut beobachten. In Deutschland sind ca. 3700 Schmetterlingsarten beheimatet, die meisten davon sind jedoch Nachtfalter, denen nur 190 Tagfalterarten gegenüberstehen. Auf Mitteleuropa bezogen kommen dazu noch weitere ca. 40 Arten. Die Unterscheidung von Tag- und Nachtfaltern ist nicht immer ganz nachvollziehbar, da eine Reihe von Nachtfaltern wie z. B. die Widderchen, das Taubenschwänzchen und der Hummelschwärmer am Tag fliegen. Unter ihnen sind viele unauffällige und auch weniger attraktive Arten. Etwa 550 Spannerarten und 650 Arten aus der Familie der Eulen kennen wir. Ein gutes Erkennungsmerkmal sind die Fühler. Bei Tagfaltern sind sie an den Enden keulenförmig verdickt, was als erstes, einfaches Unterscheidungsmerkmal bei den Nachtfaltern fehlt. Deren Fühler sind besonders bei den Männchen oft gefiedert, kammförmig gezähnt oder borstenartig geformt.

Die Einteilung in Groß- und Kleinschmetterlinge und deren Verwandtschaftsverhältnissen wird in diesem Buch soweit möglich nach aktuellen Erkenntnissen geordnet dargestellt. Die deutsche Namensgebung ist oft nicht eindeutig, weil viele Arten mehrere deutsche Namen haben. Richtig und exakt ist daher nur die wissenschaftliche Bezeichnung, die sich aus Gattungs- und Artname zusammensetzt. Manche Arten bekommen noch einen dritten Namen, wenn sie als Unterart einer Art klassifiziert sind. Doch hat sich hier gerade in den letzten Jahrzehnten vieles geändert, weil Wissenschaftler neue Erkenntnisse über Verwandtschaftsverhältnisse und Artzugehörigkeiten durch neue Analysemethoden gewinnen konnten oder weil unter Fachleuten neue Ansichten über die Gattungszugehörigkeit sowie Uneinigkeit in der Namensgebung herrschen. Beim Vergleich von wissenschaftlichen Werken stimmen die Namen oft nicht überein.

Das eindeutige Bestimmen der Falter ist manchmal nicht ohne Einfangen und Betrachtung in der Hand möglich. Wir beschränken uns auf die auch für den Laien sichtbaren und möglichen Merkmale, da es nicht sinnvoll ist, die Falter jedes Mal zu fangen, zu beunruhigen und vielleicht sogar zu schädigen. Bei vielen Arten ist dies zudem untersagt und nur mit behördlicher Ausnahmegenehmigung für wissenschaftliche Zwecke zulässig.

Merkmale der Vorderflügelunterseite und bei manchen Arten der Flügeloberseiten sind in der Praxis oft nicht sehr hilfreich, da sie beim sitzenden Falter meist nicht vollständig sichtbar sind. Bei Gelblingen beispielsweise sind sie gar nicht oder nur schwer im Gegenlicht erkennbar.

Ein Bestimmungsschlüssel ist für Schmetterlinge kaum anwendbar, da viele verschiedene Merkmale zu berücksichtigen sind, darunter Flügelgeäder und markante Zeichnungen der Flügel mit Bänderungen, Punkten und Flecken sowie andere Kriterien. Bei Eulenfaltern beispielsweise sind es Makel, die bei ähnlichen Arten an denselben Stellen der Flügeloberseite sitzen und charakteristische Unterschiede aufweisen, die bei der Bestimmung Anhaltspunkte liefern. Für die tiefer gehende wissenschaftliche Beschäftigung verweise ich im Anhang auf die einschlägige Fachliteratur, wo man unter anderem über die Methoden zur Bestimmung schwieriger Falterarten mehr erfährt.

Eine Reihe dieser Arten, gerade aus der Nachtfalterfamilie, sind nur durch Präparation und Genitaluntersuchungen des Männchens unter dem Mikroskop eindeutig bestimmbar.

Dieses Buch soll dem interessierten Laien und auch dem etwas erfahreneren Schmetterlingsbeobachter zuhause und bei Exkursionen in der Natur helfen, heimische Schmetterlingsarten und deren Lebensräume kennenzulernen, und ein Leitfaden für das Auffinden und Beobachten dieser fliegenden Kunstwerke sein – kann aber kein Bestimmungsbuch ersetzen. Dem Autor ist es ein Anliegen, Verständnis für den Schutz dieser faszinierenden, aber hoch bedrohten Tiergruppe zu wecken.

Ihr Verschwinden aus unserer Natur und Erscheinen in Roten Listen warnt uns ganz aktuell vor massiven Veränderungen und Gefahren für die Artenvielfalt. Eine ganze Reihe unserer heimischen Schmetterlinge gelten als sogenannte Bioindikatoren, als Anzeiger für den Zustand unserer Umwelt.

Bei den Artbeschreibungen (ab S. 94) ist angegeben, welche Art sich auf der Roten Liste befindet. Die Monatsleiste zeigt die jeweiligen Zeiten an, in denen die Schmetterlingsart beobachtet werden kann (blaue Markierung) sowie die Zeiten, in denen Raupenstadien gefunden werden können (grüne Markierung).

Flugzeit	J	F	M	A	M	J	J	A	S	O	N	D
Raupen	J	F	M	A	M	J	J	A	S	O	N	D

Die Gefährdungseinteilung nach der Roten Liste der Tier- und Pflanzenarten der BRD (RL):

RL 0: Ausgestorben oder verschollen
RL 1: Vom Aussterben bedroht
RL 2: Stark gefährdet
RL 3: Gefährdet
R: Extrem selten
G: Gefährdung anzunehmen
V: Vorwarnliste

Körperbau der Schmetterlinge

Der Körper eines Schmetterlings unterteilt sich in drei Bereiche: den Kopf, die Brust und den Hinterleib.

Der Kopfabschnitt

Mit einem Facettenauge, das aus zahlreichen, bei einigen Nachtfaltern bis zu 12.000 einzelnen Augen besteht, ist nur eine sehr grob gerasterte Wahrnehmung möglich. Diese reicht bei einigen Arten für die visuelle Erkennung des anderen Geschlechtes. Mehr als das Erfassen von Bewegungen, Umrissen und Blütenfarben auf kurze Distanz ist damit allerdings nicht möglich. Schmetterlinge nehmen im Gegensatz zu uns Menschen auch ultraviolettes Licht wahr.

Dies kann beim Auffinden einer Nektarquelle hilfreich sein, da viele Blüten Farbmuster im UV-Bereich zeigen, die die Nektarquelle markieren.

Die beiden Fühler unterscheiden sich von Art zu Art und zwischen den Geschlechtern. Bei Tagfaltern sind sie fadenförmig und am Ende gekeult, bei Nachtfaltermännchen mit kammartigen Fühlern, bei deren Weibchen gesägt, bzw. gezähnt. Die Fühler dienen dem Geruchssinn, der Nahrungs- und Partnerfindung und anderen Wahrnehmungen.

Der Rüssel ist zweigeteilt und bildet aus zwei Rinnen ein biegsames Rohr zur Nahrungsaufnahme. Mit Sinneszellen ausgestattet dient er auch zum Tasten und Schmecken.

Die Länge des Rüssels kann von einigen Millimetern bis mehreren Zentimetern reichen, bei einem Vertreter der heimischen Nachtfalter, dem Windenschwärmer, ist er bis zu über 9 cm lang. Bei manchem Eulenfalter ist der Rüssel geeignet, Früchte anzuritzen und den Saft aufzusaugen, während bei anderen Arten der Rüssel verkümmert ist. Es findet keine Nahrungsaufnahme mehr statt, die Reserven werden beispielsweise beim Abendpfauenauge schon im Raupenstadium im Körper angelegt. Links und rechts neben dem Rüssel befinden sich noch ein paar Taster, Palpen genannt.

Der Totenkopfschwärmer hat große Facettenaugen, um das Restlicht so gut wie möglich ausnutzen zu können.

Nahrungsaufnahme bei Tag- und Nachtfaltern

Schmetterlinge nutzen verschiedene Nahrungsquellen Mit dem Rüssel können nur flüssige Stoffe aufgesaugt werden, an erster Stelle steht der Nektar der Blüten. Die Falter nutzen die Nektarangebote unterschiedlich. Bei vielen Blüten ist der Nektar leicht zugänglich, wird aber nicht von allen Schmetterlingen gleich genutzt. Verschiedene Flugzeiten der Falter stehen dem Angebot der zu dieser Zeit gerade blühenden Pflanzen gegenüber. Die einen bevorzugen bestimmte Farben, bei anderen entscheidet die Rüssellänge über die Erreichbarkeit des Nektars. Viele Nachtfalterarten, vor allem Schwärmer, erreichen mit ihren langen Rüsseln tief liegende Nektarquellen in Blüten mit langen Blütenkelchen, die sonst kaum genutzt werden können, und bestäuben gleichzeitig die Blüte. Manche Pflanzen, wie z.B. Nachtkerzen, öffnen ihre Blüten erst bei Dunkelheit und sind damit ein gutes Angebot für die Nachtschwärmer.

Arten wie der Schillerfalter und andere nutzen nicht Blüten und deren Nektar als Nahrungsquelle, sondern nehmen nur Mineralien auf, indem sie an feuchten Stellen am Boden, Tierexkrementen oder Kadavern sowie Schweiß saugen. Weitere Schmetterlinge, wie z.B. der Eichenzipfelfalter, nutzen noch ein spezielles Angebot, nämlich die süßen Ausscheidungen der Blattläuse, die sich auf den Blättern niederschlagen.

Ein Labkrautschwärmer an einer Seifenkrautblüte

Der Brustabschnitt

An der Brust sitzen drei Beinpaare sowie die Flügel. Die Beine sind sehr dünn und tragen bei einigen Arten Sinnesorgane zum Riechen und Schmecken, um Nahrung oder bei Weibchen auch zusätzlich die Eiablagepflanze identifizieren zu können. Die vorderen Beinpaare sind bei einigen Tagfalterarten zu Putzpfoten umgebildet.

Die Flügelpaare sind bei Tag- und Nachtfaltern wichtige Merkmale zur Bestimmung. Sie sind dicht mit – oft farbenprächtigen – Schuppen besetzt, die dachziegelartig angeordnet sind. Die leuchtenden Farben werden gemäß ihrer Beschaffenheit entweder durch Farbpigmente, wie zum Beispiel beim Tagpfauenauge, oder auch durch Lichtbrechungen und Reflexionen, wie etwa beim Schillerfalter, hervorgerufen. Die Schillerfalter erzeugen ebenso wie die tropischen, leuchtend schillernden Morphofalter der Tropenwälder Südamerikas das intensive Blau nicht als Farbe sondern durch den Aufbau der Schuppen. Sie sind innen hohl und durchsichtig, sodass sich das Licht an den dünnen Wänden brechen kann. Diese Färbung tritt aber nur in einem gewissen Winkel zum Sonnenlicht auf, ansonsten erscheinen Schillerfalter in der Grundfarbe dunkelbraun, bei einigen auch orangerot. Den Weibchen fehlt der Schiller völlig.

Die Flügel geben der ganzen Insektenfamilie der Schmetterlinge ihren Namen: die wissenschaftliche Bezeichnung Lepidoptera leitet sich aus dem griechischen lepis = Schuppe und pteron = Flügel ab.

Es gibt auch Arten, bei denen sich Weibchen und Männchen in Farbe, Zeichnung und Größe der Flügel unterscheiden, so wie beim Kleinen Nachtpfauenauge. Man nennt

Weibchen des Buchenfrostspanners mit Flügelstummeln

diese Erscheinung Geschlechtsdimorphismus. Bei einer ganzen Reihe von sehr spät oder sehr früh im Jahr fliegenden Spannerarten, wie den Frostspannern, ist das Weibchen sogar gänzlich ohne Flügel oder hat nur Stummelflügel. Noch extremer ausgeprägt ist der Unterschied zwischen Männchen und Weibchen beim Schlehen-Bürstenspinner. Das fast bewegungsunfähige, flügellose Weibchen hängt sich direkt an den Kokon, aus dem es geschlüpft ist. Sein riesiger Hinterleib ist mit Eiern angefüllt. Es lockt mit Duftstoffen das Männchen zur Begattung und legt anschließend die Eier an den Kokon. Die geschlüpften Raupen sind auffällig gefärbt und aufgrund ihrer bürstenartigen Behaarung für Vögel uninteressant. Sie sind nach dem Schlupf so leicht, dass sie vom Wind weite Strecken fortgetragen werden können.

Ein je nach Art verschieden verlaufendes Flügelgeäder, das die Funktion hat, nach dem Schlupf den schlaff herunterhängenden Flügeln durch Einpressen von Körperflüssigkeit Form zu geben, ist ebenfalls ein wichtiges Bestimmungsmerkmal. Die Flügel sind sehr unterschiedlich geformt. Bei Schwärmern sind sie lang und stromlinienförmig, um schnell lange Strecken zurücklegen zu können. Tagfalter haben eher breite Flügel was ihren Flug sehr unstet und unberechenbar „gaukelnd“ erscheinen lässt. Potenzielle Feinde wie Vögel tun sich schwer, sie im Flug zu erbeuten.

Manche Nachtfalterfamilien, wie Eulen- oder Bärenspinner, besitzen Hörorgane im hinteren Bereich des Brustabschnittes zur Wahrnehmung von Lauten und Geräuschen.

Der größte Teil unserer Falterarten bildet eine Generation (Schmetterling-Eiablage-Raupe-Puppe-Schmetterling) pro Jahr aus, andere, wie der Schwalbenschwanz, bis zu drei und wieder andere, wie das Landkärtchen, zwei Generationen, die sich im

Das flügellose Weibchen des Schlehen-Bürstenspinners bei der Eiablage

Die Raupe des Schlehen-Bürstenspinners ist auffällig gefärbt und besitzt eine lange Behaarung.

Aussehen des fertigen Schmetterlings unterscheiden: die Frühjahrsgeneration ist hell orange, die Sommergeneration dunkelbraun. Die Hellphase des Tages spielt bei der Raupenentwicklung die entscheidende Rolle für diesen Farbwechsel.

Die Frühjahrs- und Sommergeneration des Landkärtchens

Der Frühe Schlehenbuch-Winterspanner (Theria primaria) ist schon früh im Jahr unterwegs.

Auch der Zitronenfalter ist oft zu sehen, wenn noch Schnee liegt.

Schließlich gibt es noch Falterarten, die für einen Entwicklungszyklus zwei oder sogar mehrere Jahre brauchen. Die gefährlichste Phase ist dabei der Winter. Unabhängig vom Entwicklungszustand des Falters müssen bestimmte Anpassungen stattfinden, um das Einfrieren und damit die Bildung von Eiskristallen in den Zellen zu verhindern. So etwas wie ein Frostschutzmittel ist notwendig. Zucker und Glyzerin werden im Körper eingelagert, so ist beispielsweise ein Zitronenfalter fähig, auch längere Zeit bei Temperaturen bis zu minus 20° Celsius im Freien zu überstehen. Einige wenige Falterarten sind in der Lage, sogar bei sehr niedrigen Temperaturen aktiv zu sein und zu fliegen, wie der Frühe Schlehenbusch-Winterspanner (*Theria primaria*). Er ist wohl die Winterart bei uns, kein anderer Schmetterling ist so früh, schon im Januar, und bei solch tiefen Temperaturen unterwegs.

Der Hinterleib

Im Hinterleib ist neben dem Darm und den bei den Weibchen großen und komplex ausgebildeten Fortpflanzungsorganen auch ein Muskel untergebracht, der die Blutflüssigkeit im Körper umwälzt.

Die Weibchen vieler Nachtfalter besitzen Duftdrüsen am Hinterleib, auf deren Funktion noch näher eingegangen wird (s. S. 36). Schwer unterscheidbare Arten lassen sich anhand der Ausformung der Geschlechtsorgane durch Fachleute bestimmen.

Langstreckenflieger und Feinschmecker mit einer Vorliebe für Honig

Der dunkelbraune Totenkopfschwärmer ist mit bis zu 13 cm Flügelspannweite unser größter heimischer Nachtfalter und ein ganz besonderer Vertreter seiner Gattung. Er wandert bis aus Nordafrika über die Alpen zu uns, wobei seine nächtlichen Flüge hohe Geschwindigkeiten von 60 bis 70 Stundenkilometern erreichen können. Es kommt sogar vor, dass der Schwärmer dann mit Rückenwind 500 bis 700 km in einer Nacht zurücklegt. Seine Namen gebende Zeichnung auf dem Brustbereich ist ebenso einzigartig wie seine Vorliebe für Honig. Baumsäfte, Fallobst und Früchte sind normalerweise seine Nahrungsquellen, wenn sich die Gelegenheit bietet, werden aber auch Bienenstöcke besucht.

Der schwere und große Falter mit einem Gewicht von neun Gramm dringt in den Stock ein, sticht mit seinem kräftigen, nur 15 mm kurzen Rüssel die Waben an und saugt den Honig, ohne von den Bienen behelligt zu werden. Dies ist eine erstaunliche Tatsache, die zu vielen Vermutungen Anlass gab. Die Bienen scheinen den Schwärmer zu ignorieren. Ihre Stiche können die dicke Chitinhülle seines Körpers nur schwer durchdringen. Zudem scheint er auf das Bienengift kaum zu reagieren. Der Falter wird aber noch durch einen anderen Trick geschützt. Ein Staat von Honigbienen kann Feinde und Eindringlinge sehr gut abwehren. Wächter am Nesteingang kontrollieren und bekämpfen jeden Eindringling und sind normalerweise sehr gut darin, Nestmitglieder ihres Staates am Geruch zu erkennen. Eine Untersuchung aus den 1990er Jahren ging der Vermutung nach, dass sich der Totenkopfschwärmer durch einen eigenen chemischen „Duft“ tarnt und damit für die Bienen quasi „unsichtbar“ wird. Tatsächlich wurde der Nachweis in einer komplizierten Versuchsanordnung im Nest erbracht (Moritz, Kirchner, Crewe 1991). Ganz ohne Risiko ist die Aktion jedoch nicht, denn wenn der Falter sich mit Honig vollgesogen hat, kann er möglicherweise nicht mehr durch das schmale Einflugloch des Bienenstockes entkommen.

Eine weitere Fähigkeit zur Feindabwehr besteht darin, dass der Falter in der Lage ist, feine Piepstöne zu erzeugen. Zusammen mit dem ruckartigen Aufklappen der Vorderflügel werden plötzlich die in der Warnfarbe Gelb gezeichneten Hinterflügel sichtbar und schrecken den Angreifer ab. Der Überraschungseffekt wird mit etwas Glück zur Flucht genutzt. Beim Besuch des Bienenstockes stößt der Falter die Piepstöne aus, um die Bienen zu beruhigen, da sie vermutlich den Lauten der Bienenkönigin ähneln. Nachgewiesen wurde dieses Phänomen bisher jedoch nicht.

Wenn der Falter ab Juni bei uns eintrifft, legen die Weibchen nach der Paarung die Eier an eine Reihe von Nachtschattengewächsen wie Kartoffeln, Tomaten oder Tollkirschen ab. Die Raupe ist in auffälliger Warntracht gelb und grüngelb gezeichnet oder selten auch braun gefärbt. Sobald es Zeit zur Verpuppung ist, gräbt sie sich 20 bis 50 cm tief in den Boden ein und formt sich eine Höhle. Ist der fertige Falter geschlüpft, arbeitet er sich mühsam mit Kopf und Beinen an die Erdoberfläche. In unseren Breiten hat er allerdings selbst so tief im Boden kaum eine Chance den Winter zu überleben.

Ein Totenkopfschwärmer im Bienenstock, der genüsslich an einer Bienenwabe saugt.

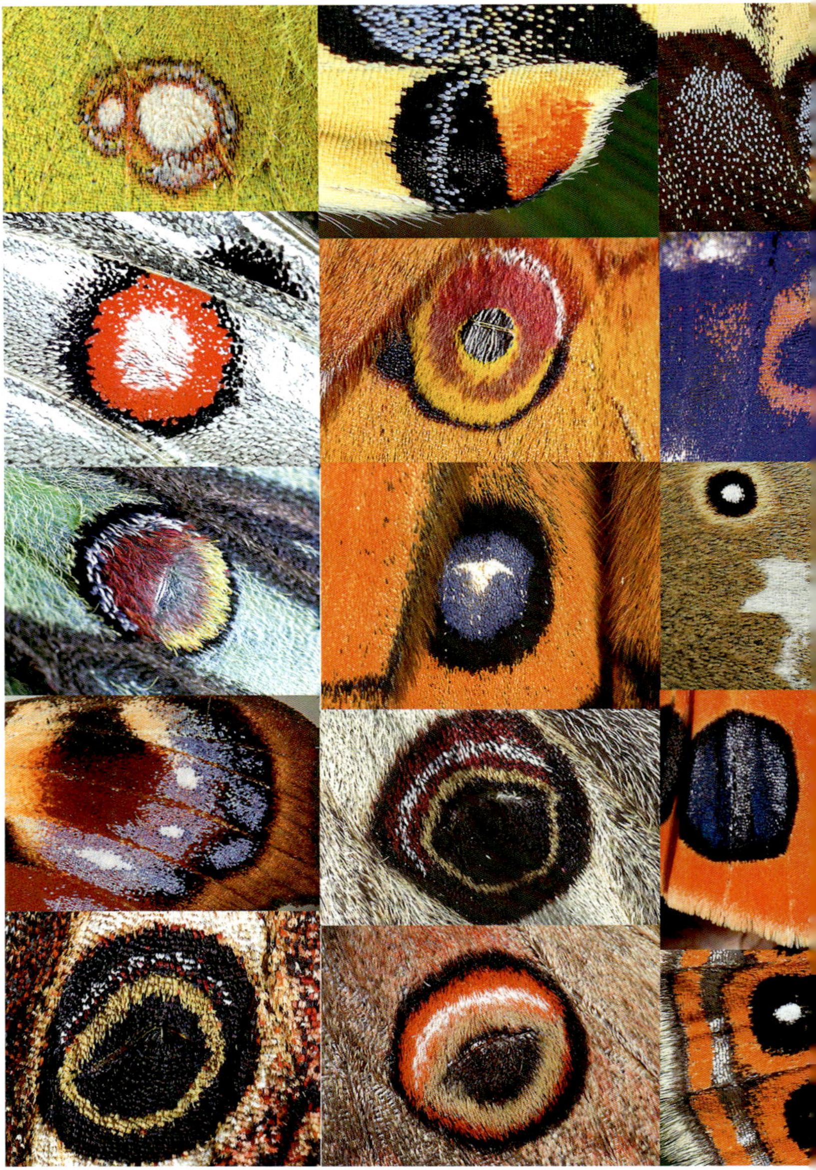

Das Ei

Die Formen, Farben und Größen der Eier von Schmetterlingen variieren stark. Flach, oval, kugelig, zylindrisch flach, mit Rippen, dornenbewehrt, eingekerbt, glatt werden sie je nach Art an eine Unterlage geklebt, z.B. Zweige, Gras, Rindenritzen oder die Blätter verschiedener Nahrungspflanzen der Raupe.

Auch die Farben sind sehr unterschiedlich. Vielfach verändert sich die Farbe eines Eies je nach Entwicklungsstand von hell nach dunkel. Tagfalter wie der Schwalbenschwanz legen ihre Eier einzeln ab, andere wie der Trauermantel kleben 200 und mehr Eier rund um den Zweig einer Weide. Bei manchen Arten kann das Weibchen auch schon mal mehrere tausend Eier ablegen. Einige werfen ihre Eier einfach wahllos auf den Boden, wie das Schachbrett. Das Landkärtchen z.B. klebt die Eier zu Türmchen aneinander an Blätter der Brennnessel. Eier können bei vielen Arten als Überwinterungsstadium dienen. Die Entwicklung der Raupe im Ei dauert je nach Temperatur zwischen acht Tagen und drei Wochen.

Ein Schwalbenschwanz bei der Eiablage

Einzelnes Ei des Schwalbenschwanzes

Das Eigelege eines Trauermantels

Landkärtchen bilden richtige Türmchen aus ihren Eiern.

Kleines Nachtpfauenauge (oben) und Aurorafalter (unten) bei der Eiablage

Kleiner Feuerfalter

Distelfalter

Aurorafalter

Lungenenzian-Bläuling

Zitronenfalter

Schlüsselblumen-Würfelfalter

Hummelschwärmer

Frankfurter Ringelspinner

Großes Nachtpfauenauge

Nagelfleck

Abendpfauenauge

Brombeerspinner

Schlehenspinner

Kleines Nachtpfauenauge

Birkennspinner

Japanischer Eichenseidenspinner

Metamorphose beim Schwalbenschwanz

3. Stadium: Puppe

Raupe vor der Verpuppung

Tag- und Nachtfalter gehören unter den Insekten zur Gruppe mit einer vollständigen Verwandlung (Metamorphose). Die vier Entwicklungsphasen Ei, Raupe, Puppe und fertiger Falter (Imago) unterscheiden sich gänzlich voneinander. Der Schwalbenschwanz ist wie die anderen Falter bei seinem Schlupf komplett fertig entwickelt.

erwachsene Raupe

2. Stadium: Jungraupe

1. Stadium: Ei

Schlupf mit gefalteten Flügeln

Schlupf-Blutflüssigkeit und Luft werden in die Flügel gepumpt

Flügel sind voll entfaltet

4. Stadium: Falter

Die Raupe

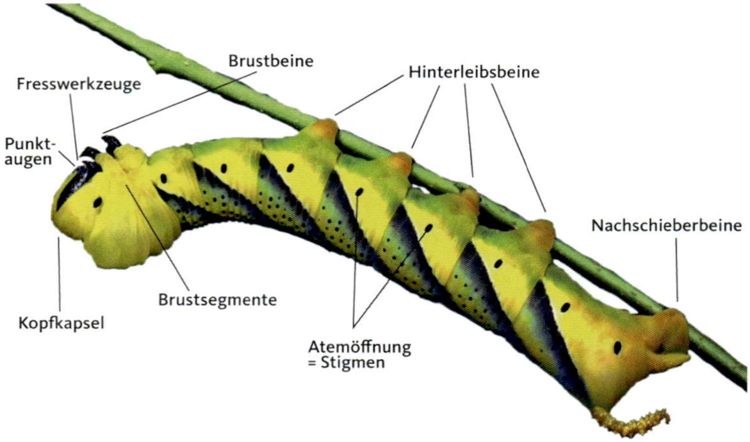

Raupen treten in vielen Formen und Farben auf. Der mit Dornen, Borsten oder Warzen besetzte Körper gliedert sich in 14 Abschnitte, Segmente genannt. Der Kopf mit den Kauwerkzeugen verfügt über Punktaugen, die nur eine hell-dunkel Unterscheidung vermitteln. Je drei Beine pro Seite liegen vorne im Brustabschnitt (bei Spannerraupen sind es nur ein Paar), am Hinterleib sitzen die Bauchbeine und am Hinterende ein letztes Paar Beine, die sogenannten Nachschieber. Rot und Gelb signalisieren als Warnfarben Ungenießbarkeit oder Gift, das manche Raupen mit den Blättern ihrer Nahrungspflanzen aufnehmen. Mit Grün und Braun tarnen sich andere Arten, um im Blattwerk oder an Rinde, Zweigen und Halmen möglichst wenig aufzufallen. Dies geht bei manchen Nachtfaltern bis zur Anpassung (Mimese) an das Aussehen von Pflanzen.

Die Wolfsmilchschwärmerraupe und die der Ahorn-Rindeneule zeigen deutlich ihre Warnfarben.

Die Raupe des Grünen Blattes beispielsweise ahmt die Blüten der Birke nach, viele Raupen der Spannerartigen sehen aus wie Äste, die Kupferglucke wie verwelkte Blätter oder die Raupe der Wiesenrauten-Goldeule wie Vogelkot (s. auch Kapitel „Fressfeinde und Parasiten", S. 39). Andere, wie die Kohlweißlinge, haben Warnfarben oder Tarnung gar nicht nötig; sie werden von Vögeln, ihren Jägern, nicht beachtet, da sie im Raupenstadium mit der Nahrung aufgenommene Senföle im Körper einlagern.

Die Raupe des Grünen Blattes ähnelt einer Birkenblüte.

Dies nützt auch dem Zitronenfalter, der unter Vorspiegelung falscher Tatsachen das Aussehen der Weißlinge vortäuscht. Obwohl der Falter gar keine übel schmeckenden Stoffe im Körper hat, zahlt es sich für ihn aus. Er hat nichts von den Vögeln zu befürchten.

Noch auffälliger machen es die Vertreter der Glasflügler, sie ahmen wehrhafte Wespen oder Hornissen nach. Geradezu perfekt darin ist der Hornissenschwärmer. Er sieht nicht nur aus wie eine Hornisse, sondern verhält sich, bis auf die fehlende Fähigkeit zu stechen, auch sehr ähnlich. Man nennt diese Form der Nachahmung Mimikry.

Das Innere der Raupe besteht zum größten Teil aus den Verdauungsorganen. Kleine Löcher an den Seiten bilden die Atemöffnungen. Dieses Entwicklungsstadium dient rein der Nahrungsaufnahme. Raupen, die sich je nach Art von einer einzigen bestimmten Pflanzenart ernähren müssen, verhungern, wenn diese nicht mehr verfügbar ist. Man nennt diese Art der Ernährung monophag. Kleiner Fuchs, Tagpfauenauge oder Landkärtchen sind Vertreter der monophagen Raupen, sie fressen alle nur an der Großen Brennnessel. Eine weitere Gruppe ernährt sich von miteinander verwandten Pflanzenarten, wie der Große Schillerfalter, der an verschiedenen Weidenarten frisst. Diese Ernährungsweise nennt man oligophag. Raupen, die an vielen verschiedenen Pflanzenarten fressen können, nennt man polyphag. Sie sind nicht auf bestimmte Pflanzenarten angewiesen.

Die Raupe des Gebüsch-Grünspanners ahmt perfekt ein Ästchen nach.

Zu dieser Gruppe zählen unter den Nachtfaltern beispielsweise viele Bärenspinner. Ein Vertreter, der Braune Bär, kann an Weiden, Brennnesseln oder Disteln leben.

Die Raupe der Wiesenrauten-Goldeule ist leicht mit Vogelkot zu verwechseln.

Die Raupe beißt beim Schlupf mit ihren Mundwerkzeugen die Eihülle auf, die viele Arten als erste Mahlzeit sogar verzehren. Raupen sind reine Fressmaschinen. In möglichst kurzer Zeit so viel Nahrung wie möglich aufzunehmen, ist vorrangiges Ziel. Mehrmalige Häutungen, bis zu fünf Mal, ermöglichen das Wachsen der Raupe bis kurz vor dem Verpuppen. Die größte Raupe bei uns ist die des Totenkopfschwärmers mit bis zu 12 cm Körperlänge. Vier bis sechs Wochen kann das Raupenstadium dauern, eine Reihe von Schmetterlingsarten überwintern auch als Raupe, ohne weiter Nahrung aufnehmen zu müssen. Manche Raupen der Nachtfalter färben sich kurz vor dem Verpuppen um und fangen an, auf der Suche nach einem geeigneten Verpuppungsplatz oft weite Strecken herumzuwandern. Bei Schwärmern, die sich im Erdreich verpuppen, formt die Raupe nach dem Eingraben noch einen Hohlraum. Letzte Verdauungssekrete werden ausgeschieden, bevor sich die Raupe häutet und die Puppenhülle zum Vorschein kommt. Im Inneren vollzieht sich nun eine vollständige Verwandlung, die Organe lösen sich auf und werden in die des späteren Falters umgebaut.

Die Raupe der Trapezeule ist eine sogenannte Mordraupe.

„Mörderische" Raupen"?

Zwei grüne Raupen fressen friedlich nebeneinander auf dem Blatt einer Linde. Plötzlich kriecht eine der beiden zur anderen, packt sie, beißt hinter dem Kopf zu und beginnt sie zu verzehren, bis nur noch die leere Raupenhaut übrig ist. Eine sogenannte Mordraupe, in diesem Fall die Raupe einer Trapezeule, hat zugeschlagen. Sie bevorzugt die Raupen des Kleinen Frostspanners. Die Raupen einiger Nachtfalter haben einen solchen sehr ausgefallenen Speiseplan, sie geben sich nicht mit pflanzlicher Nahrung zufrieden.

Kein Leben ohne Ameisen

Die Raupen einiger Vertreter aus der Tagfalterfamilie der Bläulinge haben eine ganz besondere Lebensweise. Sie sind mit Ameisen „befreundet". Ameisen werden durch einen Duft aus Drüsen am Raupenkörper angelockt. Haben die Ameisen eine Raupe aufgrund des Duftes gefunden, beschützen sie diese durch ihre Anwesenheit in gewisser Weise vor Feinden. Als Belohnung sondert die Raupe eine süße Flüssigkeit ab, die von den Ameisen gerne aufgesaugt wird.

Andere Bläulingsarten haben ein noch wesentlich engeres Verhältnis zu Ameisen, sie sind auf bestimmte Arten von Knotenameisen angewiesen. Zu diesen Ameisenbläulingen gehören bei uns fünf Vertreter: der Helle und der Dunkle Wiesenknopf- sowie der

Raupe des Hauhechelbläulings

Lungenenzian-, der Kreuzenzian- und der Thymian-Ameisenbläuling. Die Falter legen ihre Eier regulär wie andere Artgenossen an ihren Nahrungspflanzen in Bereichen ab, die von den Nestern ihrer späteren Wirtsameisen meist nicht allzu weit entfernt sind. Die Raupen fressen zwei bis drei Wochen an den Blüten und lassen sich dann zu Boden fallen. Von den Wirtsameisen werden sie hier oft nur zufällig aufgefunden und regelrecht adoptiert, d.h. ins Nest eingetragen. Das Risiko für die Raupe, keiner Ameise zu begegnen und verhungern zu müssen, ist relativ hoch. Und auch von der falschen Knotenameisenart ins Nest eingetragen zu werden, hat zur Folge, dass die Raupen vernachlässigt werden und absterben. Wenn aber eine der richtigen Wirtsameisen die Raupe findet, wird ihr vorgegaukelt, dass es sich bei der Raupe um eine Larve der eigenen Art handelt, und sie wird ins Nest geschleppt. Es helfen dabei, zumindest beim Kreuzenzian-Ameisenbläuling, Duftstoffe der Raupe, sogenannte Pheromone, den Fürsorgetrieb der Ameisen zu wecken. In den unterirdisch gelegenen Ameisennestern verbringen die Raupen dann ihr restliches Leben in diesem Stadium. Die Raupen des Enzian-Ameisenbläulings werden von den Ameisen gefüttert, während die anderen drei Arten parasitieren, sie ernähren sich nämlich von der Brut ihrer Wirtsameisen. Die Raupen verbringen auch den Winter geschützt im Nest und verpuppen sich dort, bevor sie im Frühsommer schlüpfen und durch die Ameisengänge ins Freie gelangen.

Die Puppe

Die Puppe eines Totenkopfschwärmers

Manche Raupen hängen sich kopfüber an Pflanzenstängel und Äste, andere, wie die des Totenkopfschwärmers, graben sich im Boden ein und formen dort in bis zu 20–50 cm Tiefe einen Hohlraum, in dem sie sich verpuppen. Wieder andere produzieren mit den Spinndrüsen ein seidenartiges Gespinst, so z.B. die Zahnspinner, Glucken und einige weitere Familien, oder einen harten, mit einem Sekret zusätzlich verklebten, stabilen Kokon, wie der Große Gabelschwanz. Eisvögel und Ordensbänder geben sich weniger Mühe. Sie rollen sich in einem Blatt zusammen, das sie mit den Spinndrüsen zusammenheften und verpuppen sich darin. Eine Reihe von Faltern, wie z.B. der Schwalbenschwanz, spinnen sich zur Verpuppung einen Faden wie einen Gürtel um den Körper, sie bilden eine sogenannte Gürtelpuppe. Der Kleine Fuchs hingegen spinnt sich bei der Verpuppung mit dem Hinterleibsende kopfüber an einen Pflanzenstängel. Diese Form nennt man Stürzpuppe.

Die Puppe ist vorne starr und hat am Hinterleib bewegliche Segmente, mit denen sich einige Arten auch heftig bewegen können, um die Raupenhaut abzustreifen. Einzelne Merkmale sind an der Puppe schon sichtbar angelegt, beim Windenschwärmer beispielsweise sind die Köcher für die Beine und Fühler oder den Rüssel gut zu erkennen.

Manche Arten schlüpfen schon nach einigen Tagen, ein großer Teil, fast die Hälfte der heimischen Falter, überwintert jedoch als Puppe. Die fertig entwickelten Falter befreien sich aus den Puppenhüllen, indem sie diese an vorbestimmten Stellen durch Körperbewegungen auftrennen. Darüber hinaus müssen manche noch aus einem harten Kokon schlüpfen. Hierzu schaffen sie mit Hilfe von Sekreten, die das robuste Gespinst an einer Stelle auflösen, eine Öffnung. Andere frisch geschlüpfte Falter arbeiten sich aus einiger Tiefe durchs Erdreich an die Oberfläche. Dies alles geschieht mit den kleinen, schlaffen, zusammengefalteten Flügeln, die beim Schlupfvorgang durch Störung oder sonstige Probleme nur selten beschädigt werden. Die Schmetterlinge suchen eine geeignete

Stelle an einer Pflanze oder einer anderen senkrechten Struktur, wo sie frei hängend ihre Flügel mit Blutflüssigkeit und Luft aufpumpen. In dieser Zeit sind alle Falter leicht angreifbare Beute für Fressfeinde. Sie können noch nicht fliegen, weil die Flügel und der Körper an der Luft erst einmal aushärten müssen. Vor dem ersten Flug geben sie eine Flüssigkeit, das Mekonium ab, das aus überflüssigen Körpersekreten besteht, die während des Puppenstadiums nicht ausgeschieden werden konnten.

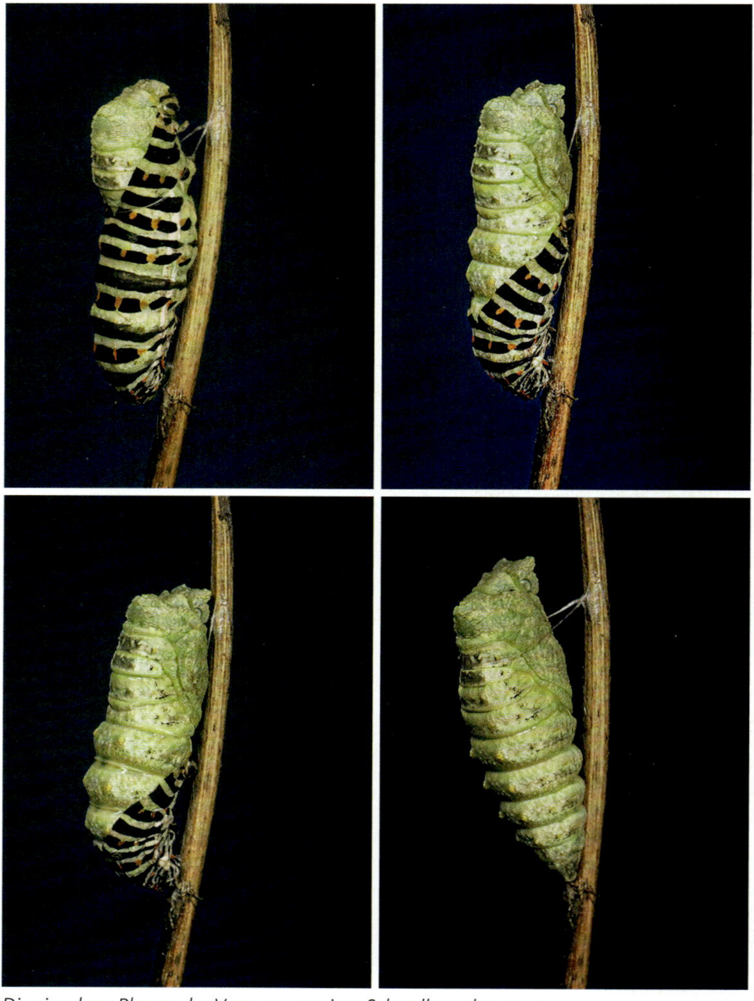

Die einzelnen Phasen der Verpuppung eines Schwalbenschwanzes

Puppe des C-Falters (Polygonia c-album)

Fetthennenblaeuling

Kleiner Feuerfalter

Admiral

Tagpfauenauge

Distelfalter

Aurorafalter

Erdebeerbaumfalter

Großer Schillerfalter

Windenschwärmer

Zitronenfalter

Trauermantel

Landkärtchen

Kaisermantel

Maivogel

Kleiner Eisvogel

Apollofalter

Partnerfindung

Es ist ein lauer Frühsommerabend im Mai. Ein Männchen eines Kleinen Nachtpfauenauges aus der Familie der Pfauenspinner begibt sich auf die Suche nach einer Partnerin. Das Weibchen sitzt einige Kilometer entfernt in einer Hecke und verbreitet über eine Drüse am Hinterleib einen betörenden Lockstoff, Pheromon genannt, der das andere Geschlecht magisch anzieht. Der Wind steht günstig und trägt einige Moleküle dieser chemischen Verbindung zum Männchen. Dieses besitzt dafür hochempfindliche Empfangsorgane. Seine Antennen oder „Fühler" (die aber nicht zum Tasten und Fühlen dienen, sondern zum Riechen) sind stark gefiedert, sodass sie Platz für 30.000 bis 40.000 Sinneszellen bieten. Einige Moleküle des Duftstoffes, eine unglaublich geringe

Das Porträt des Männchen des Kleinen Nachtpfauenauges zeigt deutlich die stark gefiederten Antennen.

Das Weibchen des Kleinen Nachtpfauenauges hat das Männchen angelockt und es kommt zur Paarung.

Konzentration, genügen, um bei günstigen Windverhältnissen Männchen über mehrere Kilometer anzulocken. In einem Fall wurden Spinnermännchen aus 16 km Entfernung angezogen, bei zwei anderen Arten wurden Signalwirkungen bis 11 km nachgewiesen.

Einige Nachtfalter flogen sogar noch einen leeren Karton an, in dem Tage zuvor ein Weibchen ihrer Art gesessen hatte. Die aktivierten Sinneszellen der Antennen unseres Nachtpfauenauges melden ihm die Anwesenheit des Weibchens. Es reagiert mit Fühlerbewegungen und Flügelschwirren. Gegen die Windrichtung beginnt es seine Suche. Im Zickzack fliegend kann es jeweils die stärkste Intensität der Lockstoffe erkennen und über die langsam stärker werdenden Düfte schließlich die Partnerin finden. Das Weibchen, mit viel kleineren Antennen (es muss sich ja nicht auf die Suche nach einem Partner begeben) und schwergewichtig von seinen vielen Eiern im Bauch, verharrt träge auf seinem Platz. Bewegte es sich von der Stelle, würde es dem Faltermann die Suche nur erschweren. Nicht bei allen Arten locken allerdings die Weibchen. Bei der urtümlichen Gruppe der Wurzelbohrer verströmen Männchen auf abendlichen Pendelflügen Duftstoffe aus Drüsen an den Hinterbeinen und locken damit Partnerinnen an. Sind in diesem Fall die Antennen beider Geschlechter noch gleich groß, so haben die Weibchen einer südamerikanischen Kleinschmetterlingsart stark befiederte Fühler. Bei den rund 3500 in Deutschland vorkommenden Nachtfalterarten ist die Art der Partnerfindung mit Hilfe von Lockstoffen der Weibchen jedoch die übliche Methode. Am besten ausgeprägt ist sie bei den Männchen der Spinnerarten, die deshalb auch die größten, am stärksten gefiederten Antennen aufweisen; die der Weibchen sind dagegen wenig gefiedert. Die Antennen erfüllen aber auch noch einen anderen Zweck, sie dienen nämlich als Geschmacksorgan bei der Nahrungssuche. Bei den Tagfaltern kommen auch optische Tricks für die Partnerfindung zum Einsatz, wie z. B. Farben oder Muster. Bei einigen Arten von Tagfaltern besitzen die Männchen sogenannte Duftschuppen, die Pheromone abgeben und damit die Weibchen anlocken, wie beispielsweise der Kaisermantel.

Deutlich sind die Duftschuppen des Kaisermantels zu sehen.

Wanderungen

Es beginnt unauffällig mit dem Auftauchen einiger Distelfalter im April 2009. Man muss dazu wissen, dass der Distelfalter, ein Vagabund unter den heimischen Tagfaltern, ständig unterwegs ist. Er kommt bis aus Nordafrika zu uns. Das Jahr 2009 war jedoch besonders. Ab Mai tauchten immer mehr Distelfalter bei uns in Süddeutschland auf. Manche Falter sahen aus wie frisch geschlüpft, nicht so als wären sie schon 3000 oder 4000 Kilometer geflogen. Es sind Falter aus dem Mittelmeerraum. Dort war es zu einer Massenvermehrung gekommen, sodass sich Unmengen auf der Suche nach neuen Nahrungspflanzen auf den Weg gemacht hatten. Durch häufige Niederschläge war das Angebot an Pflanzen hoch gewesen und die Falter hatten sich so zahlreich vermehrt, dass sie zum Wandern angeregt wurden. Die Distelfalter schlugen nun eine Richtung nach Norden ein und flogen schnell und zielgerichtet durch Flusstäler der Alpen oder westlich daran vorbei auch nach Deutschland.

Mitte Mai begann dann ein einzigartiges Schauspiel: Hunderte Millionen der Falter flogen von Süden Richtung Norden mehrere Tage über das ganze Land. Eine Menge von ihnen blieb und legte Eier ab. Ein Teil der folgenden Faltergeneration wanderte später wieder über die Alpen zurück nach Süden, allerdings verteilt und unauffälliger als bei ihrem Einzug.

Eine Reihe von Tag- und Nachtfaltern sind Wanderfalter, wie der Admiral, das Taubenschwänzchen oder der riesige Totenkopfschwärmer. Dieser ist ein schneller Flieger und kommt manchmal im Frühjahr aus Nordafrika nach Mittel- und sogar Nordeuropa. Der schnellste von allen ist der Windenschwärmer. Auf seinem Weg aus Afrika übers Mittelmeer nach Mitteleuropa kann er dank seines aerodynamisch günstig geformten Körpers bei Rückenwind auf fast 100 km Geschwindigkeit kommen und so auch Skandinavien erreichen.

Der Distelfalter ist der Vagabund unter den heimischen Tagfaltern, da er ständig unterwegs ist.

Die Überlebensstrategie der Wanderfalter ist auf Flexibilität ausgelegt und sie können sich damit weite Lebensräume erschließen. So ist der Distelfalter fast über den gesamten Globus verbreitet. Ihre Wanderungen sind dem Vogelzug, an den Größenverhältnissen gemessen, durchaus ebenbürtig.

Fressfeinde und Parasiten

Schmetterlinge sind begehrte Beute einer Vielzahl von Jägern. Einige Vogelarten sind wendig und geschickt genug, um die Falter sogar im Flug zu erbeuten, wie die exotisch anmutenden Bienenfresser.

Die Raupen zur Massenvermehrung neigender Arten, wie beispielsweise die des Frostspanners, sind zur Aufzuchtzeit der Jungen wichtiger Bestandteil des Speisezettels vieler Vogelarten. Auch unter den Insekten jagen zahlreiche Arten Schmetterlinge. Libellen können ab und zu einen der Falter ergreifen, dabei wird nur der Körper verzehrt, die Flügel bleiben übrig. Einige Krabbenspinnenarten haben sich auf die Ansitzjagd auf Blüten spezialisiert. Im Extremfall kann sich das Weibchen einer bestimmten Art, der Veränderlichen Krabbenspinne, an die Farbe der Blüte, auf der es sitzt, anpassen und geduldig im Hinterhalt den Schmetterlingen auflauern. Auch Raubfliegen können Falter fangen. Waldameisen und sogar Heuschrecken wie das Grüne Heupferd erbeuten mit viel Glück Schmetterlinge beim Blütenbesuch oder am Boden.

Die Raupen der Falter sind eine fast noch begehrtere Beute, zahlreiche Fressfeinde wie Ameisen, Spinnen, Wespen und Käfer machen Jagd auf sie.

Der Puppenräuber und der Raupenjäger sind spezialisiert auf in Massen auftretende Arten wie Eichenprozessionsspinner oder Schwammspinner.

Die Gemeine Sandwespe lähmt die Raupen mit einem Stich und schleppt sie anschließend als lebenden, aber bewegungsunfähigen Nahrungsvorrat zu ihrer Brut ins Nest.

Schließlich sind noch unter den Schlupf- und Brackwespen einige Arten, die Raupen und Puppen parasitieren. Sie stechen ihre Opfer an und legen ihre Eier in deren Körper. Die Larven fressen sich regelrecht durch die weiterlebende Raupe, bis sie am Ende ihrer Entwicklung schlüpfen. Amphibien wie Erdkröten, Säugetiere wie Spitzmäuse und Maulwürfe stellen Raupen, Puppen und Schmetterlingen nach. Sogar eine Pflanzenfamilie ist in der Lage Schmetterlinge passiv zu erbeuten.

Der Bienenfresser ist ein geschickter Jäger. Hier zu sehen mit einem erbeuteten Taubenschwänzchen sowie mit einem Tagpfauenauge.

Eine Raubfliege hat einen Dickkopffalter gefangen.

Die drei heimischen Sonnentauarten sind potenzielle, klebrige Fallen für Falter und andere Insektenarten.

Infektionen durch Viren, Pilze und Bakterien sind bei Massenvermehrung und bestimmten Witterungsbedingungen, wie hoher Feuchtigkeit, ein weiterer bestandsregelnder Faktor.

Doch sind Schmetterlinge nicht ganz hilflos ihren Fressfeinden ausgesetzt. Die einen arbeiten mit dem Überraschungseffekt, sie tragen die Warnfarben Rot oder Gelb auf ihren Hinterflügeln. Manche haben noch eine Stufe mehr zur Verfügung und zeigen Augenzeichnungen auf den Hinterflügeln, wie das Abendpfauenauge. Bei Störung klappen die Vorderflügel blitzartig nach oben und die Warnfarben bzw. Augenzeichnung wird sichtbar. Den Überraschungseffekt kann der Falter jetzt nutzen, mit etwas Glück den Angreifer verwirren und wegfliegen.

Das Tagpfauenauge führt diesen Trick beim Besuch von Blüten durch nervös scheinendes Öffnen und Schließen der Flügel aus. Vögeln präsentiert es damit ständig die sich bewegende Augenzeichnung aufs Neue. Unterseits ist das Tagpfauenauge wie viele andere Falter sehr unscheinbar gefärbt und gezeichnet. Mit hoch geklappten Flügeln sieht es einem alten vertrockneten Blatt sehr ähnlich und ist damit gut getarnt. Unter den Nachtfaltern ist die Kupferglucke ein gutes Beispiel für die Imitation eines welken Blattes.

Puppenräuber mit der Raupe des Eichenprozessionsspinners.

Eine Krabbenspinne hat ein Landkärtchen erbeutet.

Viele Raupen weichen ihren Feinden einfach aus, indem sie tagsüber versteckt ruhen und nur nachts fressen.

Die Kurzstiel-Sandwespe schleppt eine Erdeulenraupe zum Bau.

Auch bei Raupen kommt die Methode des Tragens von Warnfarben wie Rot und Gelb in verschiedenen Kombinationen zum Einsatz. Diese Raupen ernähren sich an giftigen Pflanzen, wie Wolfsmilch oder Greiskräutern, und bauen deren Inhaltsstoffe in den Körper ein. Auch die Falter enthalten später noch die Giftstoffe.

Raupen, die in großen Mengen auftreten, leben oft in Gemeinschaftsnestern oder bauen widerstandsfähige Gespinste wie die Prozessionsspinner. Sie sind zudem mit wirksamen Abwehrwaffen ausgestattet, indem sie stark behaart sind. Die Haare brechen und erzeugen wahrscheinlich bei vielen Vögeln Probleme mit der Verdauung, beim Menschen führen sie oft zu starken Nesselreaktionen auf der Haut. Nur vom Kuckuck ist bekannt, dass er in der Lage ist, die Raupen des Eichenprozessionsspinners oder des Schwammspinners in größeren Mengen ohne Probleme zu verzehren.

Die Raupe des Schwalbenschwanzes hat noch einen anderen Abwehrtrick auf Lager, sie fährt bei Störung eine orangefarbene Ausstülpung ähnlich einer Gabel am Nacken aus, die einen abstoßenden Duft absondert.

„Ohren“ und Ultraschall

In Versuchen konnte man nachweisen, dass Nachtfalter nicht nur hervorragend riechen, sondern auch gut hören können. Abends lockte man mit Licht verschiedene Falterarten in einen Raum, in dem man mit Hilfe eines Senders Töne zwischen 4 und 176 kHz erzeugte. Bei einer bestimmten Frequenz beschleunigten die Falter ihren Flug,

Eine Blaupfeillibelle mit erbeutetem Ochsenauge.

Ein Scheckenfalter ist am Sonnentau festgeklebt.

Parasitierende Erzwespen (Pteromalus puparum) an Schwalbenschwanzpuppe nach dem Schlupf.

flogen im Zickzack, schlugen Haken oder ließen sich fallen. Sitzende Falter ergriffen die Flucht, sobald die Tonquelle eingeschaltet wurde, oder legten die Flügel dicht an den Körper und „stellten sich tot".

Die heftigsten Reaktionen der Eulen und Spanner – hauptsächlich diese beiden Nachtfaltergruppen fanden sich in dem Versuchsraum ein – wurden bei Frequenzen zwischen 60 und 80 kHz und Entfernungen zwischen vier und fünf Metern von der Schallquelle festgestellt. Nun wussten die Forscher durch Untersuchungen verschiedener Falterarten, dass diese mit Trommelfellen ausgestattete „Ohren", die sogenannten Tympanalorgane, besitzen. Aber welchen Nutzen brachte es den Tieren, gerade in diesem Bereich zu hören und entsprechend zu reagieren? Sie schützen sich damit vor ihren Hauptfeinden, den Fledermäusen, die mit Rufen zwischen 60 und 80 kHz ihre Beute zu orten und dann zu fangen versuchen. Auch diese Vermutung konnte man in einem Versuch belegen. Die ebenfalls zu den Nachtfaltern gehörenden Bärenspinner begnügen sich nicht damit, beim Zusammentreffen mit einer Fledermaus einfach die Flucht zu ergreifen. Sie stoßen vielmehr ihrerseits Ultraschalllaute aus. Ob diese die Nachtjäger erschrecken, durch Störung ihres Peilsystems irritieren oder nach Art von Warnfarben akustisch „warnen" sollen, ist noch nicht bekannt.

Eine Wiesenameise hat die Raupe einer Traubenkirschen-Gespinstmotte erbeutet.

Gefährdung und Schutz unserer Tag- und Nachtfalter

Kaum eine andere Ordnung eignet sich so gut wie die Schmetterlinge, um den Zustand unserer Natur zu beschreiben. Schmetterlinge haben erheblich unter von Menschen gemachten Umwelteinflüssen zu leiden, da sie sehr empfindlich auf Veränderungen ihrer Lebensbedingungen reagieren. Viele Falter haben sich auf ganz bestimmte Lebensräume spezialisiert. Im Laufe der Evolution haben sie ihre ökologischen Nischen mit ganz speziellen klimatischen Bedingungen und vielen anderen Faktoren wie dem Nahrungspflanzenangebot gefunden. Schon das Verschwinden einer bestimmten Pflanzenart, an die die Raupe einer dieser hoch spezialisierten Arten gebunden ist, führt unweigerlich zum Aussterben des Schmetterlings. Dies mag vielleicht auf den ersten Blick als Nachteil erscheinen, hat aber durchaus einen Sinn. Das Nutzen einer einzelnen Nahrungspflanzenart vermeidet Konkurrenz zu anderen Schmetterlingsarten. So könnten theoretisch an jeder Pflanzenart eines Lebensraumes Raupen einer anderen Schmetterlingsart leben. Damit erhöht sich die Anzahl der am Standort möglichen Arten erheblich. Eine andere Anpassung besteht darin, giftige Inhaltsstoffe, die gewisse Pflanzen zur Abwehr von Fressfeinden eingelagert haben, zu verwerten und die Gifte zum eigenen Schutz im Körper zu speichern. Die Zeiten, zu denen Raupe und Falter leben, sind von Art zu Art verschieden, so verteilt sich auch zeitlich die Nutzung des Nahrungsangebotes. Zusätzlich werden oft verschiedene Teile der Pflanzen genutzt, sodass selbst die Raupen jener Arten, die an denselben Pflanzen leben, nicht unweigerlich Nahrungskonkurrenten sein müssen.

Nicht nur die zunehmende Zersiedelung, Bebauung, Versiegelung durch Straßenbau und weitere Infrastrukturmaßnahmen, sondern vor allem auch die rapide Intensivierung der Landwirtschaft nach dem Zweiten Weltkrieg haben zum Verlust von

Lebensraumverlust durch Straßenbau und Zersiedelung

Umbruch einer Wiese in Ackerland.

Lebensräumen geführt. Feuchtgebiete wurden entwässert und in Äcker verwandelt, Moore abgetorft, Magerrasen gedüngt und in Maisäcker verwandelt. Landschaftsstrukturen wie Hecken, Feldgehölze und Brachen wurden durch Flurbereinigungen vernichtet, Waldlichtungen aufgeforstet und ganze Laubwälder in Nadelholzmonokulturen verwandelt. Der damit einhergehende Verlust vieler lebensnotwendiger Nahrungspflanzen nimmt den Raupen der Falterarten die Lebensgrundlage.

Überall wurde die intensive Landwirtschaft vorangetrieben. Der Einsatz von Dünge- und Spritzmitteln findet flächendeckend statt und beeinflusst selbst die Falterbestände in angrenzenden Naturschutzgebieten. Die rapide Abnahme aller Insektenarten, sowohl in der Zahl der Arten als auch in ihrer gesamten Menge, gibt uns beunruhigende Zeichen. Gerade die derzeitige Diskussion um Pestizide, wie Neonicotinoide und Glyphosat, und ihren Nachfolgeprodukten zeigt sehr deutlich, dass die Interessen der Agrarchemieindustrie in Europa in der Regel sehr deutlich Vorrang vor Umwelt- und Naturschutz haben.

Eine der zahlreichen Umweltsünden: Torfabbau und Moorzerstörung

Überdüngung und intensive Landwirtschaft zerstören zunehmend den Lebensraum unserer Schmetterlinge.

Wiesen, so wie man sie sich vorstellt, mit einer bunten Vielfalt an Blütenpflanzen, existieren heute praktisch nicht mehr. Die Überdüngung mit Gülle und Mineraldüngern hat aus ihnen intensiv genutzte Fettwiesen mit einigen wenigen dominierenden Pflanzenarten wie dem Löwenzahn gemacht. Hier kann kein Schmetterling mehr leben. Wenn sich doch einmal einer dorthin verirren und sogar noch Eier ablegen sollte, wird seine Raupe mitsamt der Nahrungspflanze durch kurz aufeinander folgendes Mähen erledigt. Die in Wiesen fliegenden Schmetterlingsarten brauchen bestimmte Pflanzen für ihre Raupen, auf die sie spezialisiert sind. Hohe Stickstoffgaben vertragen die meisten dieser Pflanzenarten nicht und verschwinden ebenso wie die Falter. Stickstoff, der aus Quellen wie Verkehr, Industrie und Haushalten mit jedem Regen aus der Luft ausgewaschen wird, führt zu einem Gesamteintrag von mittlerweile 15 bis 35 kg pro Hektar und Jahr. Zu allem Überfluss werden in unserem so ordnungsliebenden Land ohne ersichtlichen Grund auch noch Flächen an Weg- und Straßenrändern ständig intensiv gemäht. Hier, wo die Landwirtschaft mit ihren Giften und Düngern nicht hinkommt, wäre oft noch Platz für eine Fülle von Blütenpflanzen, die den Faltern Nahrung und Eiablagemöglichkeiten bieten könnten. Die Auswirkungen der Gentechnik in der Landwirtschaft könnten weitere Probleme für unsere Schmetterlinge und andere Tierarten mit sich bringen. Vorgänge, Mechanismen und Wechselwirkungen durch das Freisetzen genveränderter Organismen lassen sich in der freien Natur wohl erst in Jahrzehnten abschätzen.

Die althergebrachten Nutzungen, wie die extensive Mahd von Wiesen zum passenden Zeitpunkt oder eine angemessene, nicht zu intensive Beweidung vieler Flächen, war unrentabel und ist aufgegeben worden. Viele aus Sicht des Naturschutzes wertvolle Biotope verbuschten und bewaldeten sich wieder. Weiterer Lebensraumverlust war die Folge. Große Teile dieser Biotope in unserer Landschaft sind erst durch solche Nutzungsformen entstanden.

Die Auswirkungen, die der Klimawandel für die Falterpopulationen mit sich bringt, lassen sich in ersten Studien nur grob abschätzen. Vor allem empfindliche Arten mit hohen Ansprüchen an ihren Lebensraum werden vermutlich zusätzlich zu leiden haben, wenn sich die klimatischen Bedingungen ändern.

Ein weiterer Aspekt, der vor allem Nachtfalterarten Probleme bereitet, ist der verschwenderische Einsatz von Lichtquellen in unserer Zivilisation. Nachtfalter orientieren sich in der freien Natur an Mond und Fixsternen. Die Tiere benutzen diese feststehenden Lichtquellen zur Navigation und halten beim Flug bestimmte Winkel zu ihnen ein. Künstliche Lichtquellen führen dazu, dass die Falter abgelenkt werden und die künstliche Lichtquelle spiralförmig in Kreisen anfliegen. Je höher der UV-Anteil des Lichtes ist, umso größer ist die anlockende Wirkung. Die Tiere verbrennen oft an der Lichtquelle, verfangen sich dort oder werden von ihrem eigentlichen Verhalten bei

Partnerfindung, Fortpflanzung und Eiablage abgehalten und sind schließlich leichte Beute für Vögel und andere Fressfeinde.

Der Anbau von Nutzpflanzen in Naturschutzgebieten beeinflusst ebenfalls die Bestände der Falterpopulationen.

Der Einsatz von Pestiziden in der Agrarwirtschaft gefährdet die unterschiedlichsten Schmetterlingsarten.

Die derzeitige Naturschutzgesetzgebung trägt zum Erhalt der Artenvielfalt unserer Tag- und Nachtfalter nur wenig bei, da die eigentlichen Gefährdungsursachen durch Gesetze, wie die Bundesartenschutzverordnung oder die Naturschutzgesetze der einzelnen Länder, kaum beschränkt werden.

Es werden hauptsächlich nur Fang, Sammeln oder Störung geregelt, während beispielsweise „gute landwirtschaftliche Praxis" oft ausdrücklich davon ausgenommen wird, selbst wenn dies in der Natur zur Vernichtung ganzer Falterpopulationen führen kann. In Roten Listen wird die Gefährdungssituation der einzelnen Arten aufgeführt. Man findet mittlerweile an die 50 % der heimischen Arten in den Kategorien „vom Aussterben bedroht", „stark gefährdet" oder „gefährdet", ohne dass dies wirklich ernsthafte Konsequenzen für den Umgang mit deren sensiblen Lebensräumen hat. So wird der Artenschwund sich weiter fortsetzen. Nur ein grundlegender Wertewandel der Gesellschaft und von Seiten des Gesetzgebers kann hier etwas verändern.

Auch die sogenannte Lichtverschmutzung schadet den Faltern.

Die Schmetterlingsfamilien im Überblick

Die folgende Übersicht zeigt die in diesem Buch behandelten Schmetterlingsfamilien im Überblick. Jeder Familie ist ein Vertreter zugeordnet, der die typischen Merkmale dieser Familie zeigt.

Tagfalter

1. Schwalbenschwänze und Segelfalter (*Papilionidae* S. 94)
   Die Falter sind recht groß mit weißer oder hellgelber Grundfarbe. Die Familie umfasst in Mitteleuropa sechs Arten.

Schwalbenschwanz

2. Weißlinge (*Pieridae* S. 100)
   Falter mit weißer oder gelber Grundfarbe und mehr oder weniger schwarzen Flecken. Ca. 26 Arten in Mitteleuropa.

Aurorafalter

3. Edelfalter, Perlmutterfalter, Scheckenfalter, Augenfalter (*Nymphalidae* S. 110)
   Falter mittlerer Größe mit sehr unterschiedlicher Farbzeichnung und Mustern bei Perlmutter- und Scheckenfaltern und gekernten Augenflecken bei den Augenfaltern. Ca. 114 Arten in Mitteleuropa.

Trauermantel

4. Bläulinge, Feuerfalter, Zipfelfalter (*Lycaenidae* S. 170)
Kleine Falter mit beim Männchen meist blauen, beim Weibchen eher dunklen Flügeloberseiten. Die Männchen der Feuerfalter sind auf den Flügeloberseiten orangerot gefärbt. Zipfelfalter haben einen schwanzartigen Flügelfortsatz. Insgesamt gibt es 59 Arten in Mitteleuropa.

Silbergrüner Bläuling

Lilagold-Feuerfalter

Blauer Eichen-Zipfelfalter

5. Dickkopffalter (*Hesperiidae* S. 164)
Die Falter mittlerer und kleiner Größe wirken plump und gedrungen mit einem im Verhältnis recht groß wirkenden Kopf und gekeulten Fühlern. In Mitteleuropa gibt es ca. 26 Arten.

Sonnenröschen-Würfel-Dickkopffalter

Nachtfalter

6. Bärenspinner (*Noctuidae/Arctiinae* S. 218)
   Oftmals schwarz-weiß gezeichnete Vorderflügeloberseiten stehen vielfach farbig gezeichneten Hinterflügeln gegenüber. Einige Arten sind aber auch eher unauffällig gefärbt und gezeichnet. In Mitteleuropa sind 61 Arten vertreten, die aktuell mittlerweile zu den Eulen (*Noctuidae*) gezählt werden.

7. Schwärmer (*Sphingidae* S. 232)
   Mit ihrer aerodynamischen Körperform auf gute Flugeigenschaften hin entwickelte Schmetterlingsfamilie mit auffällig langen Vorderflügeln und kleinen Hinterflügeln. Ihre Flugeigenschaften sind die besten unter den Schmetterlingen. Viele der Familie können mit ihrem langen Rüssel im Schwirrflug an Blüten saugen und werden manchmal von Laien mit Kolibris verwechselt. Mit 21 Arten in Mitteleuropa vertreten.

8. Sichelflügler und Eulenspinner (*Drepanidae* S. 250)
   Die Sichelflügler haben Vorderflügel, die an der Spitze in Form einer Sichel gebogen sind. Mit 7 Arten in Mitteleuropa vertreten.

8.1. Unterfamilie der *Drepanidae*: Eulenspinner (*Thyatirinae* S. 246)
   Die 10 Arten der Eulenspinner werden systematisch zu den damit insgesamt 17 Sichelflügler- und Eulenspinner- (*Drepanidae*-) Arten in Mitteleuropa gezählt. Die Falter sehen den Eulen ähnlich.

Augsburger Bär

Wolfsmilchschwärmer

Weidensichelspinner

Achatspinner

9. Spanner (*Geometridae* S. 252)
Kleine bis mittelgroße Falter, die gerne mit ausgebreiteten und an den Untergrund angedrückten Flügeln sitzen. Viele sind gut getarnt und an ihren Untergrund (z. B.) Rinde gut angepasst. Andere wiederum sind auffällig gefärbt. Mit 517 Arten neben den Eulen und Wicklern als artenreichste Familie in Mitteleuropa vertreten.

Grünes Blatt

10. Glucken (*Lasiocampidae* S. 334)
Die Falter haben eine sehr gedrungene und dickleibige Körperform. Die Flügel sind in ruhendem Zustand dachförmig zusammengelegt und ähneln dann oft verwelkten Blättern. 22 Arten sind in Mitteleuropa vertreten.

Kupferglucke

11. Zahnspinner (*Notodontidae* S. 342)
Die Falter tragen eher gedeckte, unauffällige Farben, der Rüssel ist verkümmert. Die Flügel dachförmig angeordnet. In Mitteleuropa sind 37 Arten vertreten.

Mondfleck

11.1. Prozessionsspinner (*Thaumetopoeidae* S. 354)
Als Unterfamilie zu den Zahnspinnern gehörend, mit 3 Arten in Mitteleuropa repräsentiert.

Kiefern-Prozessionsspinner

12. Eulen (*Noctuidae* S. 286)
Die Falter sind oft gut getarnt, auf den Vorderflügeln rindenartig gefärbt und gezeichnet, oft mit behaarten Fortsätzen am Rücken. Die Hinterflügel oftmals auffällig farbig. Mit über 640 Vertretern in Mitteleuropa die artenreichste aller Falterfamilien.

Heidekrauteulchen

13. Schneckenspinner (*Limacodidae* S. 352)
Gedrungene Körperform mit breiten Flügeln, mit 2 Arten in Mitteleuropa vertreten.

Großer Schneckenspinner

14. Pfauenspinner (*Saturniidae* S. 356)
Die recht großen Falter haben sowohl auf Vorder- wie auf Hinterflügeln je einen auffälligen farbigen Augenfleck. Die Fühler sind doppelt befiedert. Mit 8 Arten in Mitteleuropa vertreten.

Kleines Nachtpfauenauge

15. Birkenspinner (*Endromidae* S. 358)
Mit einer Art in Mitteleuropa vertreten ist der Falter aufgrund seiner rotbräunlich, weiß gescheckten Flügelzeichnung unverwechselbar.

Birkenspinner

16. Wurzelbohrer (*Hepialidae* S. 332)
Falter mit schmalen, langgezogenen Flügeln, in Ruhestellung dachförmig angewinkelt. Mit 7 Arten in Mitteleuropa vertreten.

Ampfer-Wurzelbohrer

17. Trägspinner (*Lymantriidae* S. 362)
Falter von mittlerer Größe, oft stärker behaart. Die Männchen haben gefiederte Fühler, um die Lockstoffe verströmenden Weibchen aufzufinden. Die Familie ist mit 17 Arten in Mitteleuropa vertreten.

Schwammspinner

18. Widderchen (*Zygaenidae* S. 368)
Kleine Falter mit schmalen Flügeln und meist roten Flecken auf schwarzem Grund oder bei einigen Arten schillernd grüner Färbung. Die Familie ist mit über 30 Arten in Mitteleuropa vertreten.

Sechsfleck-Widderchen

19. Holzbohrer (*Cossidae* S. 374)
Die kräftig gebauten Falter haben von Art zu Art ein unterschiedliches Aussehen. In Mitteleuropa gibt es nur 6 Arten.

Weidenbohrer

20. Glasflügler (*Sesiidae* S. 376)
Das auffälligste Merkmal sind die glasartig durchscheinenden Flügel, die nur am Flügelrand beschuppt sind. Ihre oft schwarzgelbe Körperzeichnung lässt sie manchmal Wespen ähneln. Über 50 Arten sind in Mitteleuropa vertreten.

Hornissen-Glasflügler

21. Zünsler (*Pyralidae* und *Crambidae* S. 378)
Kleine, oft recht farbig gezeichnete Falter. Mit 350 Arten in Mitteleuropa vertreten.

Purpurroter Zünsler

22. Wickler (*Tortricidae* S. 386)
Kleine Falter mit eckig erscheinenden Flügeln. Mit ca. 590 Arten in Mitteleuropa vertreten.

Wickler

23. Faulholzmotten (*Oecophoridae* S. 394)
Kleine Falter, die sehr unterschiedlich aussehen, aber auffällig große Kiefertaster haben. Knapp 60 Arten gibt es in Mitteleuropa.

Faulholzmotte

24. Gespinstmotten (*Yponomeutidae* S. 398)
Die kleinen Falter haben im Ruhezustand ein schmales, längliches Aussehen und sind mit kleinen schwarzen Punkten auf meist weißem Grund gezeichnet. Mit über 70 Arten in Mitteleuropa vertreten.

Traubenkirschen-Gespinstmotte

25. Langhornmotten (*Adelida* S. 402)
Die kleinen Falter haben metallisch glänzende Flügel und auffällig lange Fühler. Über 30 Arten kommen in Mitteleuropa vor.

Langhornmotte

26. Miniermotten
(*Gracilliariidae* S. 406)
Die sehr kleinen Falter haben am Flügelrand lange Fransen. Etwa 140 Arten sind in Mitteleuropa vertreten.

Minimiermotte

27. Echte Motten (*Tineidae* S. 406)
Die Falter sind sehr klein und unauffällig gefärbt, nur der Kopf ist oft intensiv gelblich behaart. Etwa 85 Arten sind in Mitteleuropa vertreten.

Micropterix Tunbergella

28. Sackträger (*Psychidae* S. 412)
Die Weibchen der meisten Arten haben verkümmerte Beine und fehlende Flügel. Sie halten sich in den Gespinstsäcken auf, nur die Männchen sind flug- und damit bewegungsfähig. Fast 100 Arten sind in Mitteleuropa vertreten.

Siebolds Felsflur-Sackträger

29. Federmotten
(*Pterophoridae* S. 416)
Die kleinen Falter haben schmale, gespaltene, bei manchen Arten federartig gefranste Flügel. Ca. 80 Arten gibt es in Mitteleuropa.

Federmotte

30. Fensterfleckchen
(*Thyrididae* S. 414)
Nur durch eine Art in Mitteleuropa vertreten, sind die tagaktiven Falter gut an den durchsichtigen Fenstern in den Flügeln zu erkennen.

Waldreben-Fensterfleckchen

Darüber hinaus gibt es bei den Kleinschmetterlingen noch ein ganze Reihe weiterer Familien, die hier aus Platzgründen nicht näher aufgeführt werden konnten. Deutsche Namen der Schmetterlingsfamilien nach Pröse et al. (2003) und Kaltenbach & Küppers (1987).

Lebensräume der Schmetterlinge

Zum Bestimmen und Auffinden unserer heimischen Schmetterlinge ist es hilfreich zu wissen, wo man suchen muss, bzw. in welchem Lebensraum man sich gerade befindet, wenn man Schmetterlinge beobachtet, die man nicht kennt. Viele unserer Falter können nur in ganz bestimmten Biotopen leben. So sind beispielsweise der Hochmoor-Gelbling und der Hochmoor-Perlmutterfalter an das Hochmoor gebunden, weil ihre Eiablage- und Raupennahrungspflanzen nur hier vorkommen. Der Storchschnabel-Bläuling kann zwei unterschiedliche Biotope nutzen, der eine trocken, der andere feucht. Seine Raupen fressen zwei verschiedene Storchschnabelarten. Andere haben nur wenige Lebensraumpräferenzen, weil ihre verschiedenen Futterpflanzen an vielen Stellen wachsen und sie keine bestimmten kleinklimatischen Bedingungen zum Aufwachsen benötigen. So sind Wanderfalter wie der Distelfalter und der Totenkopfschwärmer Nomaden, die überall zurechtkommen, wenn dort ihre Raupenfutterpflanzen wachsen. Manche Falter leben auch in zwei verschiedenen Lebensräumen zu unterschiedlichen Tageszeiten, wie die Schillerfalter. Die Vormittagsstunden verbringen sie meist am Boden, wo sie an feuchten Stellen oder an Tierkot saugen, während die Nachmittagsstunden in den Baumwipfeln mit der Balz und Paarung verbracht werden. Auch die Höhenlage der Lebensräume bestimmt über das Vorhandensein von Arten. Im Folgenden werden die Lebensräume mit ihren wichtigsten Falterarten vorgestellt, im Artenteil sind den Faltern dann Lebensräume zugeordnet.

Steigerwald

Die Sempt bei Moosburg

Mittlere Isarauen

Mörnsheim, Luftaufnahme

Lebensraum
Trockenrasen

Weißer Waldportier

Großer Perlmutterfalter

Esparsetten-Widderchen

Trockenrasen bietet vielen Tagfalterarten Heimat, die eher im südlichen Europa verbreitet sind.

Warm, trocken und voll mit den verschiedensten Blütenpflanzenarten findet sich hier eine Reihe seltener Schmetterlinge. Im Sommer können an manchen Stellen in Bodennähe Temperaturen von 50° bis 70° Celsius herrschen. Bereiche mit Felsen und Geröll oder Abraumhalden von Steinbrüchen speichern die Wärme. Der Pflanzenwuchs ist meist lückig und nicht sehr hochragend, wodurch viel Licht bis an den Boden gelangt. Unterschiede in der Artenzusammensetzung der Vegetation ergeben sich aus der Bodenbeschaffenheit. Auf saurem oder basischem Substrat wachsen jeweils spezifische Pflanzengesellschaften. Dazwischen gibt es eine Anzahl von Ausprägungen, die sich durch die vorherrschenden Pflanzenarten definieren lassen. Die meisten dieser Trocken- und Halbtrockenrasen sind durch menschliche Bewirtschaftung entstanden. Sie können oft nur durch das Weiterführen dieser Bewirtschaftung erhalten werden, beispielsweise durch

Himmelblauer Bläuling

Segelfalter

Thymian-Widderchen

Jakobskrautbär

extensive Beweidung mit Schafen und Ziegen. Wichtig für die vielen bedrohten Schmetterlingsarten, die hier vorkommen, ist Nährstoffarmut im Boden und der damit verbundene Reichtum an ganz bestimmten Pflanzen. Hier haben Raritäten wie der an Fetthenne gebundene Apollofalter und mehr als jede dritte Art der in der Roten Liste bei uns als gefährdet eingestuften Großschmetterlingsarten eine Chance zu überleben, z.B. Segelfalter, Roter Scheckenfalter, Alexis-Bläuling, Esparsetten-Widderchen, Schlüsselblumen-Würfelfalter, Jakobskrautbär, Purpur-Widderchen, Hornklee-Glasflügler, Schachbrettfalter, Berghexe, Weißer Waldportier, Rostbinde, Kleiner und Großer Perlmutterfalter, Silbergrüner Bläuling, Himmelblauer Bläuling, Kleiner Feuerfalter, Hofdame, Mauerfuchs, Wolfsmilchschwärmer und viele andere.

Schachbrettfalter

Hofdame

Silbergrüne Bläulinge

Kleiner Feuerfalter

Lebensraum Hochmoor

Birkenspinner

Hochmoor-Perlmutterfalter

Gefleckter Rauschbeerenspanner

Hochmoore sind aufgrund ihrer extrem nährstoffarmen Beschaffenheit einzigartige Lebensräume. Wie ein Schwamm haben sich die viele Meter dicken Ablagerungen abgestorbener Torfmoose mit Wasser vollgesogen. Sie konnten sich nur dort ausbilden, wo als Voraussetzungen viel Wasser und bestimmte klimatische Bedingungen gegeben waren, z.B. verlandende Seen, die im Alpenvorland oft aus Gletschern entstanden sind.

Mithilfe einer ständig wachsenden Schicht von Torfmoosen wurde das Moor in Jahrtausenden aufgebaut und wölbte sich schließlich über die Umgebung auf. Torfmoose wachsen durchschnittlich etwa einen Millimeter pro Jahr. Hochmoore können eine Mächtigkeit von vier bis acht Metern erreichen. Ständige Wasserzufuhr aus Niederschlägen ist notwendig, um die Verdunstung auszugleichen.

Die große Menge an Wasser, die das Moor speichert, führt sogar dazu, dass es durchschnittlich ein paar Grad kühler als in der Umgebung sein kann. Die Nährstoffarmut macht Hochmoore artenarm, aber die wenigen Arten, die hier vorkommen, sind oft spezialisiert und auf diesen Lebensraum angewiesen. Sie sind Überbleibsel der letzten Eiszeit vor ungefähr 10.000 Jahren und können nur unter den rauen Bedingungen in den Hochmooren überleben. Bei uns sind solche Tagfalterarten wie der Hochmoor-Gelbling, der Hochmoor-Perlmutterfalter oder der Hochmoor-Bläuling allesamt akut vom Aussterben bedroht. Die Bindung an eine bestimmte Eiablagepflanze, die nur in Hochmooren vorkommt, macht die Falter davon abhängig. Beim Hochmoor-Gelbling ist es die Rauschbeere, beim Hochmoor-Perlmutterfalter ist es die Moosbeere. Das Hochmoor ist nicht nur für die Falter selber von Bedeutung, sondern dient auch Pflanzenarten wie z. B. dem Sumpfblutauge, verschiedenen Wollgras-, Sonnentau- und natürlich den Torfmoosarten als Lebensraum. Auch bestimmte Libellenarten können nur hier leben. Weit über 130 Pflanzen- und mehr als ca. 200 Tierarten, darunter 35 Schmetterlingsarten, sind in Mooren nachgewiesen worden.

Der größte Teil davon sind Nachtfalter. Die meisten der Hochmoore in Mitteleuropa sind mittlerweile durch Torfabbau, Entwässerung, Umwandlung in Landwirtschaftsflächen und viele andere Faktoren verschwunden. Heute weiß man, dass mit dem Wiedervernässen teilweise schon stark beeinträchtigte Moore renaturiert werden können und damit ein wichtiger Beitrag zum Klimaschutz geleistet werden kann. Die bei der Trockenlegung verrottenden Pflanzenreste aus den über Jahrtausende entstandenen Torfschichten geben beim Austrocknen gespeichertes, klimaschädliches Kohlendioxid, Lachgas und andere Gase ab. Moorschutz ist also nicht nur Schmetterlings- und Arten-, sondern auch Klimaschutz.

Hochmoor-Gelbling

Lebensraum Wiese

Blauschillernder Feuerfalter

Baldrian-Scheckenfalter

Dunkler Wiesenknopf-Ameisenbläuling

Unter dem Sammelbegriff Wiese sind eine Reihe verschiedener Lebensraumtypen zu verstehen. Die **Streuwiese** auf feuchtem Untergrund ist durch Bewirtschaftung geprägt. Streuwiesen wurden gemäht und das Mähgut in den Ställen verwendet.

Diese Art der Nutzung hat in der modernen Landwirtschaft leider viel von ihrer Bedeutung verloren. Der Naturschutz muss heute oft nachhelfen, um diese Nutzung und damit den Bestand dieses Biotopes aufrecht zu erhalten.

Die spezielle Pflanzengesellschaft besteht aus Arten wie Pfeifengras, Teufelsabbiß, Großem Wiesenknopf, Lungen- und Schwalbenwurzenzian, Prachtnelke, verschiedenen Knabenkräutern, der Sibirischen Schwertlilie und vielen anderen. Vertreter der Ameisenbläulinge finden hier ihre Raupennahrungspflanzen und Wirtsameisen. Auf nährstoffreichen Böden sind Hochstaudenfluren, Feuchtwiesen und Niedermoore vorzufinden.

Hochstaudenfluren treten oft an Gewässerrändern und Rändern von Sümpfen auf. Mädesüß, Blut- und Gilbweiderich, Kohldistel und Rauhaariges Weidenröschen sind einige der typischen Pflanzenarten. **Feuchtwiesen**

Feuchtwiese mit Wiesenknöterich

und **Niedermoore** sind dort entstanden, wo das Wasser zurückgehalten wird und nicht abfließen kann. Pflanzen wie der Schlangenknöterich, Trollblume und eine Reihe von Faltern, wie der Blauschillernde Feuerfalter und der Natterwurz-Perlmutterfalter, sind hier beheimatet. Zwischen den einzelnen Lebensraumtypen gibt es zahlreiche Übergangsformen.

Lungenenzian-Bläuling

Großes Wiesenvögelchen

Großer Moorbläuling

Blauäugiger Waldportier

Hochstaudenflur mit Blutweiderich

Lebensraum Wald

Der ① Eichenspinner, ② Eichenwickler oder auch der ③ Blaue Eichenzipfelfalter sind typische Vertreter, die in Eichenmischwäldern vorkommen.

Bevor der Mensch in Mitteleuropa ansässig wurde, waren wahrscheinlich bis zu 90 Prozent der Fläche Mitteleuropas mit Buchenwäldern bedeckt. Inwieweit große Herden von Pflanzenfressern wie Wisente, Auerochsen und andere nach der sogenannten Megaherbivoren-Theorie für offene Flächen in den Waldlandschaften sorgen konnten, ist umstritten. Es ist wohl davon auszugehen, dass Wälder in der wärmeren Periode nach der letzten Eiszeit die dominierende Vegetationsform in unseren Breiten waren.

Heute bilden Waldtypen unterschiedliche Biotope. Feucht sind die Auenwälder an Flüssen, die Erlen-Buchenwälder, die Birken-Moorwälder, Waldkiefern-Moorwälder und die Bergkiefern-Moorwälder. Eher trockene Standorte bevorzugen Sand- und Schneeheide-Kiefernwälder, Eiche-Hainbuchenwälder und Eichen-Birkenwälder. Die meisten Schmetterlingsarten finden sich in lichten Eichenmischwäldern und allen Waldgesellschaften, in denen die Eiche die vorherrschende Baumart ist. Über 200 Arten von Schmetterlingen bevorzugen Eichen für ihre Entwicklung.

Die Rotbuche ist die andere Waldgesellschaften bestimmende Baumart. Wenig attraktiv als Lebensraum für Schmetterlinge sind eintönige Fichtenforste. Ein paar wenige Nachtfalterarten leben an Fichten, wie der Kiefernspinner oder die Nonne, die früher von Forstleuten als Schädlinge angesehen wurden und heute nur noch selten massenhaft auftreten.

Die Anzahl der Tagfalter, die im Wald leben können, ist gering, während bei den Nachtfaltern fast die Hälfte der Arten im Wald vorkommen kann.

Aurorafalter

Gelbringfalter

Kleiner Eisvogel

Großer Eisvogel

Tagfalter halten sich im Wald an besonders besonnten Stellen, Lichtungen, Waldwegen oder in den Kronen der Bäume auf. Eine Reihe von Pflanzen am Boden dienen als Nektarquellen wie Scharbockskraut, Knoblauchsrauke, Wasserdost, Seidelbast, Flockenblumen, Habichtskräuter, Liguster, Holunder und andere. Die Nachtfalter nutzen noch viele weitere Pflanzen als Nektarquellen wie das Waldgeißblatt, Rote Heckenkirsche, Liguster und weitere Sträucher. Auch austretende Säfte der Laubbäume oder die süßen Ausscheidungen von Blattläusen werden genutzt.

Buchenfrostspanner

Kaisermantel

Trauermantel

Kiefernschwärmer

Lebensraum
Hecke

Gespinstmotten

Hecken und Feldgehölze sind Reste einer ehemaligen bäuerlichen Kulturlandschaft, wie wir sie heute nur mehr selten vorfinden. Die Flurbereinigung hatte seit den 50er bis in die 80er Jahre des letzten Jahrhunderts diese Landschaftselemente systematisch beseitigen lassen. In Norddeutschland in Form von Wallhecken und Knicks, in der Eifel netzartig und auch in der Rhön und im fränkischen Jura sind noch größere Heckenlandschaften vorhanden. Die verschiedenen Bereiche einer Hecke bieten vielen Faltern Nektar aus den Blüten der Bäume und Sträucher, die die eigentliche Hecke bilden, sowie im Saumbereich und am Boden aus dem Angebot der Kräuter und Blütenpflanzen.

Hecken erfüllen für unsere Falterfauna – und nicht nur für sie – noch eine Reihe weiterer wichtiger Funktionen, z.B. Schatten, Windschutz, Eiablageplatz, Ansitz- und Sitzwarten für Vögel, Schlafplatz und Schutz vor Witterung für zahlreiche Tierarten. Eine gewisse Breite von etwa drei bis acht Metern vorausgesetzt, bietet eine Hecke Lebensraum ähnlich einem naturnahen Waldrand und dies gleich zweimal, auf beiden Seiten.

Kleiner Schlehen-Zipfelfalter

Pflaumen-Zipfelfalter

Nachtschwalbenschwanz

Hornissenschwärmer

Grüner Zipfelfalter

Je unregelmäßiger die Heckenstruktur ist, umso wertvoller ist dieser Lebensraum für Falter. Mit Ecken, geschwungen unterschiedlich breit und hoch, mit größeren Bäumen, lichten Stellen und Krautsaum müssen Hecken behutsam gepflegt werden. Radikale Eingriffe vertragen die hier ansässigen Lebensgemeinschaften ebenso wenig wie gar keine Pflege.

Schlehenspinner

Kreuzdorn-Zipfelfalter

Nierenfleck

Schwanenraupe

Pfeileulenraupe

Lebensraum Ufer

Eisenhut-Höckereule

Gewässerufer bilden den Übergang zwischen Wasser und Land. Ein amphibischer Lebensraum, der mit dem Wechsel von Überflutung und Trockenfallen eine wichtige Funktion für eine Vielzahl von Bewohnern hat.

Es ist nicht gerade ein Biotop, von dem man gleich vermuten würde, dass auch hier einige unserer Falter leben. Ein paar Vertreter aus der Familie der Zünsler sind Wasserbewohner, zumindest im Raupenstadium und als Puppe. Sechs der heimischen Zünslerarten zählen dazu. Die Falterweibchen legen ihre Eier an die Schwimmblätter von See- und Teichrosen, Laichkrautarten, Seekanne oder den Wasserknöterich. Der Seerosen- und der Wasserlinsenzünsler gehören ebenfalls zu den Arten, die sich im Laufe der Evolution diese Nische erschlossen haben. Als Falter verbringen sie ihr Leben im Schilf und Röhricht der Ufer und im Bereich der Schwimmblattzone stehender oder langsam fließender Gewässer.

Seerosenzünsler

Wasseraloe-Zünsler

Schilfrohr-Wurzeleule

Wasserschwaden-Röhrichteule

Auch bei den Eulenfaltern gibt es einige, die sich auf die Schilf- und Röhrichtpflanzen spezialisiert haben. Ihre Raupen haben sich angepasst und können die schwer verdaulichen und durch eingelagerte Kieselsäure harten Pflanzen fressen. Die Schilfrohr-Wurzeleule bewohnt den Schilfbereich an Gewässerrändern. Sie verpuppt sich im Erdboden und braucht trockene Stellen am Ufer, um sich eingraben zu können. Eine intakte Uferzone mit entsprechend strukturiertem Pflanzengürtel ist für die Falter und eine ganze Reihe weiterer Tiere und Pflanzen als Lebensraum notwendig. Schon einige Meter Uferrandstreifen in einer ansonsten landwirtschaftlich geprägten Umgebung genügen, um eine reichhaltige Fauna und Flora zu schützen und gleichzeitig die Gewässer vor dem Eintrag von Düngemitteln und Pestiziden besser abzuschirmen.

Intakte Uferzonen stellen ein lebensnotwendiges Habitat für Falter und andere Insekten dar.

Lebensraum
Alpen

Je nach Höhenstufe gibt es in den Alpen Felsfluren, Wälder und Wiesen, die gemäht oder beweidet werden. Viele der im Flachland bzw. in den Tälern lebenden Falterarten dringen zwar auch in größere Höhen vor, aber in den Hochlagen finden sich dauerhaft nur Schmetterlinge, die mit den rauen klimatischen Bedingungen zurechtkommen. Der Hochalpen-Apollofalter ist einer von ihnen. Er lebt in den Quellfluren und an den Gebirgsbächen mit Vorkommen an Bewimpertem Steinbrech, von dem seine Raupe sich ernährt. An feuchten Erdstellen in der Nähe finden sich auch eine Reihe von Mohrenfalterarten, Weißlings-, Dickkopffalter- und Bläulingsarten zum Saugen ein, ihre Raupen wachsen in den alpinen Rasen auf. In der obersten Höhenstufe sind Felsfluren und Schutthalden vertreten. Ab einer Höhe von 3500 Metern sieht man nur noch einige wenige Falterarten, hier beginnt die lebensfeindliche Zone.

Heller Alpen-Bläuling

Eros-Bläuling

Alpen-Perlmuttfalter

Alpen-Heufalter

Alpengelbling

Mohrenfalter (Erebia pronoe)

Mohrenfalter (Erebia tyndarus)

Hochalpenapollo

Alpen-Scheckenfalter

Berg-Weißling

Kleiner Alpen-Bläuling

Lebensraum Acker und Ödland

Landwirtschaftlich intensiv genutzte Flächen sind in der Regel artenarm, heimische Schmetterlinge haben hier nur wenige Überlebenschancen. Dazwischen gibt es jedoch vereinzelt Flächen, die nicht oder nur zeitweise bewirtschaftet werden. Weg- und Straßenränder, Ackerraine, Brachflächen, Kiesgruben, Sandgruben und Steinbrüche. Sie dienen als Ersatzlebensräume. In ihnen finden sich hauptsächlich die anspruchsloseren und anpassungsfähigen Falterarten. In entsprechendem Umfeld kann jedoch ein aufgelassener Steinbruch auch ein Rückzugsgebiet für seltene Arten sein. So überlebt in Bayern, im Altmühltal, eine Seltenheit wie der Apollofalter und einige weitere Arten der Roten Liste in den Kalksteinbrüchen und Abraumhalden. Hier kann sich in den trocken-warmen Bereichen im Gegensatz zu den umgebenden landwirtschaftlichen Flächen eine reichhaltige Flora behaupten und eine Nahrungsgrundlage für Raupen und Falter bilden.

In der Regel sind diese Flächen kein Ersatz für die ursprünglichen Biotope, aber sie können Rückzugsbereiche und Vernetzung zwischen den isolierten Biotopen in unserer zivilisationsgeprägten Landschaft schaffen.

Großes Ochsenauge

Brauner Waldvogel

Steinbrüche im Altmühltal bieten Rückzugsgebiete für inzwischen selten gewordene Arten.

Hauhechel-Bläuling

Grünader-Weissling

Apollofalter

Postillon

Kleiner Perlmuttfalter

Schwalbenschwanz

Idas-Bläulinge

Lebensraum Gärten und Parks

Untersuchungen zeigen, dass Gärten und Parks durchaus einen wichtigen Lebensraum für unsere heimischen Falter darstellen können. So ist die Artenvielfalt in Städten manchmal ganz beachtlich, in einer Münchner Parkanlage beispielsweise wurden in einer fest installierten Lichtfalle weit über 300 Arten nachgewiesen. Diese Fülle hängt damit zusammen, dass in Städten unterschiedliche Biotoptypen nebeneinander auftreten; auch das Umland spielt hier eine wichtige Rolle, wenn von dort Arten einwandern können. Für die wirklich bedrohten und seltenen Arten mit ihren spezifischen Ansprüchen können solche städtischen Lebensräume aber oft keinen ausreichenden Ersatz bieten. Brachliegende Flächen wie Kiesgruben, Standortübungsplätze oder Rangier- und Gleisanlagen stellen dagegen wichtige Rückzugsbereiche dar. Ihre Existenz erklärt die oft erstaunlich hohen Artenzahlen in städtischen Bereichen. In naturnahen Parks und Gärten können dann auch Stadtbewohner am einfachsten ihre ersten Beobachtungen der heimischen Schmetterlingswelt machen. Bunt-exotische Gärten mit standortfremden Zierpflanzen und Koniferen bieten den Faltern dagegen wenig, oft noch nicht einmal Nektar.

Gammaeule

Kleiner Fuchs

Tagpfauenauge

Admiral

Großer Kohlweißling

Faulbaumbläuling

Birkenspanner

Rundflügel-Kätzcheneule

Brauner Bär

Gothica-Kätzcheneule

Ligusterschwärmer

Hausmutter

Schwalbenschwänze und Segelfalter

Papilionidae

1. Schwalbenschwanz
Papilio machaon

Hinterflügel mit langen Schwänzchen. Adern im Vorderflügel schwarz betont, schwefelgelb mit schwarzer Gitter- und Fleckenzeichnung. Blaues Band und orangerote Augenflecken am Hinterflügel. Gelbe, halbrunde Flecken am Rand der Vorderflügel. 50–75 mm Spannweite. Flugzeit: in zwei bis drei Generationen von April bis Juni und Juli bis September in sonnigen, offenen, blütenreichen Gebieten, Wiesen, Waldlichtungen, Magerrasen, Steinbrüchen, Brachflächen, naturnahen Gärten. Besucht gerne rotviolette Blüten wie Flockenblumen, Kratzdisteln, Sommerflieder, in warmen Jahren 3. Generation möglich. Raupe von Ende Juni bis Oktober an Doldenblütlern wie Wilder Möhre, Karotte, Wiesen-Silau, Kümmel-Silge, Berg- und Sumpf-Haarstrang, Pastinak, Kleine Bibernelle, Weinraute. RL V.

Flugzeit	J	F	M	A	M	J	J	A	S	O	N	D
Raupen	J	F	M	A	M	J	J	A	S	O	N	D

2. Hochalpenapollo
Parnassius phoebus

Gelblichweiße bis weiße Vorder- und Hinterflügel mit je zwei roten Flecken auf den Hinterflügeln. Schwarz umrandeter, roter, unauffälliger Fleck in der Mitte der Vorderränder. Vorderflügelränder außen dunkel durchsichtig, schwarz-weiß geringelte Fühler. Spannweite 5–6 cm. Flugzeit: in einer Generation von Ende Juni bis Ende August nur in den Hochalpen in Bayern von 1500–2500 m, sowohl an feuchten Standorten und entlang von Bergbächen als auch an trockenen, mit Felsen durchsetzten Plätzen. Raupe von April bis Juli an Bach-Steinbrech oder Rosenwurz. In Deutschland selten. RL 1.

Flugzeit	J	F	M	A	M	J	J	A	S	O	N	D
Raupen	J	F	M	A	M	J	J	A	S	O	N	D

1

1

2

3. Schwarzer Apollo
Parnassius mnemosyne

Hinterflügel rund. Alle Flügel gelblichweiß, schwärzlich überstäubt, ohne rote Flecken. Vorderflügelspitzen dunkel, durchsichtig, durch die beiden schwarzen Flecken auf den Vorderflügeln gut vom Baumweißling zu unterscheiden. Spannweite 45–60 mm. Flugzeit: je nach Höhenlage in einer Generation von Mai bis Juli an Rändern lichter Laubmischwälder mit extensiv bewirtschafteten Wiesen und Hochstaudenfluren und auf Waldlichtungen in der Nähe von Lerchenspornbeständen, auf bis zu 1800 m Höhe. Raupe von Juni bis November an Lerchenspornarten, die ausreichend besonnt sind, am Rand von lichten Laubwäldern. Vom Aussterben bedroht. RL 1.

Flugzeit	J	F	M	A	M	J	J	A	S	O	N	D
Raupen	J	F	M	A	M	J	J	A	S	O	N	D

4. Apollo
Parnassius apollo

Hinterflügel mit je zwei roten, schwarz umrandeten und vier großen, schwarzen Flecken. Weiße Flügel mit schwarz überstäubten durchsichtigen Vorderflügelspitzen. Spannweite 6,5–7,5 cm. Flugzeit: in einer Generation von Anfang Juli bis Mitte August, in Mittelgebirgen und den Alpen auf besonnten, felsigen Hängen mit sehr niedriger Vegetation und Weiden, Steinbrüchen, Abraumhalden, Bahn- und Straßendämmen und Weinbergsmauern. An Witwenblumen, Flockenblumen, Disteln und anderen saugend. Raupe von Ende Juli bis März des Folgejahres an Weißer Fetthenne, an gut besonnten Stellen. In Deutschland selten, vom Aussterben bedroht. RL 1.

Flugzeit	J	F	M	A	M	J	J	A	S	O	N	D
Raupen	J	F	M	A	M	J	J	A	S	O	N	D

3

3

4

4

5. Segelfalter
Iphiclides podalirius

Hinterflügel lang geschwänzt, noch länger als beim Schwalbenschwanz. Je ein blauer, schwarz umsäumter Augenfleck mit einem oben liegenden, orangen Feld am Hinterflügel. Grundfarbe weiß bis blassgelb. Vorderflügel mit markanter, nach unten zeigender schwarzer Querzeichnung. 50–70 mm Spannweite. Flugzeit: in einer Generation (in warmen Regionen Europas bis drei Generationen) von Mitte April bis Ende Juli. Blütenbesuch bevorzugt an hellen, weißen Blüten wie Weißdorn, Holunder, Pflaume, Liguster, aber auch Natternkopf, Salbei und anderen, sehr wärmeliebend, an sonnigen, heißen auch felsigen Trockenrasenhängen mit niedrigem Schlehengebüsch, sogenannten Krüppelschlehen, in Steinbrüchen, an Bahndämmen, warmen, gut besonnten Waldlichtungen. Raupe von Mitte Juni bis Juli an Schlehe, vereinzelt auch an Weißdorn, Pflaume, Kirsche, Eberesche. In Deutschland sehr selten. RL 2.

Flugzeit	J	F	M	A	M	J	J	A	S	O	N	D
Raupen	J	F	M	A	M	J	J	A	S	O	N	D

5

Flügeldetail

Weißlinge und Gelblinge *Pieridae*

1. Großer Kohlweißling
Pieris brassicae

Weiße Grundfarbe mit dunkler Randzeichnung, die bis zur Mitte des Hinterrandes der Vorderflügeloberseite reicht. Das Weibchen besitzt zusätzlich zwei schwarze Flecken auf der Vorderflügeloberseite, die beim Männchen fehlen. Zwei schwarze Flecken auf der Vorderflügelunterseite. Spannweite 5 bis 6,5 cm. Flugzeit: in drei Generationen von Mai bis Ende September an verschiedenen Stellen mit Blüten- und Futterpflanzen in Gärten, Ruderalflächen, Kohlfeldern in fast allen Biotopen außer geschlossenen Wäldern. Raupe von Mai bis Oktober an Kohlsorten und verschiedenen Kreuzblütlern wie Raps und Kapuzinerkresse.

Flugzeit	J	F	M	A	M	J	J	A	S	O	N	D
Raupen	J	F	M	A	M	J	J	A	S	O	N	D

2. Kleiner Kohlweißling
Pieris rapae

Dunkle Randzeichnung (Apikalfleck) auf der Vorderflügeloberseite ist kleiner und weniger intensiv schwarz als beim Großen Kohlweißling. Männchen mit mehr oder weniger deutlichen schwarzen Flecken auf der Vorderflügeloberseite. Unterseite der Hinterflügel hellgelblich mit leichter schwarzer Bestäubung. Spannweite bis zu 5 cm. Flugzeit: bis zu vier Generationen im Jahr von März bis November weit verbreitet, wo die Futterpflanzen wachsen, z.B. in Gärten oder Kohlfeldern. Raupe von Juni bis Oktober an verschiedenen Kreuzblütlern wie Kohl, Kapuzinerkresse.

Flugzeit	J	F	M	A	M	J	J	A	S	O	N	D
Raupen	J	F	M	A	M	J	J	A	S	O	N	D

1

1

2

2

3. Baumweißling
Aporia crataegi

Flügelflächen in der Grundfarbe weiß mit netzartigen schwarzen Adern. Weibchen mit dickerem Hinterleib. Spannweite bis zu 6,5 cm. Flugzeit: in einer Generation Mai bis Juni in verschiedenem sonnig-warmen, gebüschreichen Kulturland, an Waldrändern und in Wiesen mit Futterpflanzen. Raupen von Juli mit Überwinterung bis Juni nächsten Jahres an verschiedenen Wildkirschen- und Kulturkirschenarten, Apfel, Birne und Eberesche. In Mitteleuropa ist der Falter stark zurückgegangen. RL 5.

Flugzeit	J	F	M	A	M	J	J	A	S	O	N	D
Raupen	J	F	M	A	M	J	J	A	S	O	N	D

4. Grünader-Weißling
Pieris napae

Die Vorderflügeloberseite ist dem Kleinen Kohlweißling in der Flügelzeichnung sehr ähnlich wobei die Frühjahrsgeneration entgegen der Sommergeneration auf der Oberseite deutliche schwarze Adern zeigt. Flügelunterseite kräftig grünlichgrau gesäumt und Hinterflügel gelblich gefärbt. Spannweite 3,5 bis 4,5 cm. Flugzeit: in zwei bis drei Generationen von April bis Mai, Mitte Juni bis Juli und September.
Häufige Art in verschiedensten Lebensräumen wie Wäldern und Wiesen. Raupe von Mai bis Oktober an Schaumkraut, Knoblauchsrauke, Ackersenf und anderen.

Flugzeit	J	F	M	A	M	J	J	A	S	O	N	D
Raupen	J	F	M	A	M	J	J	A	S	O	N	D

3

3

4

4

5. Bergweißling
Pieris bryoniae

Dem Grünader-Weißling ähnlicher weißer Falter. Adern der Unterseite deutlich grau bestäubt. Graubraune Bestäubung beim Weibchen, auf der Oberseite sehr dunkel. Grünlich-gelbe Flügelunterseiten blasser und mit kräftigerer und breiterer Adernzeichnung als bei *P. napi*, Spannweite bis zu 5 cm. Flugzeit: in ein bis zwei Generationen von Anfang Juni bis Anfang August auf Bergwiesen und feuchten Matten und in Wiesen an Bergbächen in den höheren Lagen. Raupe von Juni bis Juli an Brillenschötchen.

Flugzeit	J	F	M	A	M	**J**	**J**	**A**	S	O	N	D
Raupen	J	F	M	A	M	**J**	**J**	A	S	O	N	D

6. Aurorafalter
Anthocharis cardamines

Männchen dank orangefarbener Flecken unverwechselbar. Weibchen ohne orange, aber mit schwarzen halbmondförmigen Flecken an der Oberseite der Flügelspitzen. Die Hinterflügelunterseite ist grüngelb gesprenkelt. Spannweite bis 4,5 cm. Flugzeit: in einer Generation Mitte März bis Ende Juni auf Feuchtwiesen und in lichten blütenreichen Wäldern und Waldrändern. Raupe von Mai bis Juli an Wiesenschaumkraut, Knoblauchsrauke, Gänsekresse und verschiedenen Kreuzblütlern.

Flugzeit	J	F	**M**	**A**	**M**	**J**	J	A	S	O	N	D
Raupen	J	F	M	A	**M**	**J**	**J**	A	S	O	N	D

6

5

6

6

7. Hochmoorgelbling
Colias palaeno

Orange bis hellgelbe Färbung. Schwarze, breite Bänder an den Flügelrändern. Weißer, dunkel oder rötlich eingefasster Fleck auf der Unterseite der Vorderflügel. Weißer Fleck in der Mitte der Unterseite der Hinterflügel. Spannweite bis 5 cm. Flugzeit: in einer Generation von Anfang Juni bis August in Hochmooren. Falter ist auf Nektar angewiesen und braucht blütenreiche Streuwiesen oder Hochstaudenfluren in der Umgebung des Moores. Raupe von August mit Überwinterung bis Mai an besonnten Standorten der Rauschbeere. RL 2.

Flugzeit	J	F	M	A	M	J	J	A	S	O	N	D
Raupen	J	F	M	A	M	J	J	A	S	O	N	D

8. Postillon, Wandergelbling
Colias crocea

Flügeloberseite orangerot gefärbt, Unterseite gelb mit grünlicher Tönung beim Männchen. Die breiten schwarzen Säume beim Männchen sind auf den Flügeloberseiten von gelben Adern durchzogen, beim Weibchen gelb gefleckt. Spannweite 3,5 bis 4 cm. Flugzeit: in zwei bis drei Generationen von Mai bis November. Der Wanderfalter kommt aus Südeuropa über die Alpen. In den letzten Jahren konnten aber auch Überwinterungen von Raupen nachgewiesen werden. Fliegt in offenem, trockenem Gelände, auf Wiesen. Raupe von Juli mit Überwinterung bis April des folgenden Jahres an Luzerne, Kronwicke, Klee und anderen Schmetterlingsblütlern.

Flugzeit	J	F	M	A	M	J	J	A	S	O	N	D
Raupen	J	F	M	A	M	J	J	A	S	O	N	D

8

7

8

8

9. Alpengelbling
Colias phicomone

Der Falter ist mit keiner anderen Gelblingsart verwechselbar. Grundfarbe beim Männchen gelb-grün, beim Weibchen hell gelb-grün, in weiß überlaufend. Flügeloberseiten grau überlaufen. Spannweite sehr variabel bis 4,5 cm. Flugzeit: im Allgemeinen in einer, gelegentlich zwei Generationen von Anfang Juni bis Ende August im gesamten Alpenraum. Raupe von August mit Überwinterung bis Juni des folgenden Jahres an Wicken, Hufeisenklee, Hornklee und anderen Schmetterlingsblütlern auf blütenreichen Alpenwiesen und Bergmatten bis in 2500 m Höhe.

Flugzeit	J	F	M	A	M	J	J	A	S	O	N	D
Raupen	J	F	M	A	M	J	J	A	S	O	N	D

10. Zitronenfalter
Gonepteryx rhamni

Die Flügelkontur ist unverwechselbar mit hervortretendem Flügelgeäder und ausgeprägten Flügelspitzen. Die Weibchen sind heller blass- bis grünlichgelb. Spannweite bis zu 5,5 cm. Die Flügel bleiben fast immer geschlossen und tragen auf der Unterseite mittig kleine, rötlich schwarz umrandete Flecken. Flugzeit: in 1–2 Generationen von Mitte Juli mit Überwinterung im Freien bis Ende Juni des Folgejahres an Waldrändern und auf Waldlichtungen, in Gärten auf verbuschendem Grünland und an Hecken. Der Falter gehört zu den häufigsten heimischen Arten, jedoch nehmen die Bestände ab. Der langlebigste aller unserer Schmetterlinge, lebt fast ein ganzes Jahr. Raupe von Mai bis Juli an Faulbaum und verschiedenen Kreuzdornarten. Partiell kann eine zweite Generation auftauchen.

Flugzeit	J	F	M	A	M	J	J	A	S	O	N	D
Raupen	J	F	M	A	M	J	J	A	S	O	N	D

9

10

10

10

Edelfalter *Nymphalidae*

1. Großer Eisvogel
Limenitis populi

Die Grundfarbe ist Dunkelbraun. Blaugraues, von zwei schwarzen Linien durchzogenes Band am Rand der Flügelseiten. Daran schließt ein schwarzes Band mit darin befindlichen orangen Bögen an. Anteil der weißen Flecken und Bänder bei Männchen und Weibchen unterschiedlich intensiv, Weibchen heller mit mehr weiß. Unterseite orange mit blaugrauen Streifen und weiße Fleckenbändern. Spannweite bis 8 cm. Flugzeit: in einer Generation Ende Mai bis Ende Juli in Mischwäldern mit Lichtungen in Mittel- und Osteuropa. Raupe von Juli mit Überwinterung bis Mai an Zitterpappel. In Deutschland selten geworden. RL 2.

Flugzeit	J	F	M	A	M	J	J	A	S	O	N	D
Raupen	J	F	M	A	M	J	J	A	S	O	N	D

2. Kleiner Eisvogel
Limenitis camilla

Die Flügeloberseite ist braunschwarz mit weißen Fleckenbinden, die auf den Vorderflügeln unterbrochen sind. Unterseite orangebraun mit schwarzen Flecken, Linien und weißem Band. Spannweite bis 5 cm. Flugzeit: in einer Generation Mitte Juni bis Anfang August. Raupe von Juli mit Überwinterung bis Mai an Roter Heckenkirsche in Auwäldern und feuchteren Laubwäldern, recht häufig. Falter besucht selten Blüten, um Nektar zu saugen.

Flugzeit	J	F	M	A	M	J	J	A	S	O	N	D
Raupen	J	F	M	A	M	J	J	A	S	O	N	D

1

1

2

2

3. Kleiner Schillerfalter
Apatura ilia

Flügeloberseite beim Männchen blau schillernd (wie beim Großer Schillerfalter), mit Ausnahme von zusätzlichen Augenflecken auf den Vorderflügeln. Eine rot schillernde Variante existiert ebenfalls. Ein spitzer Zacken fehlt im weißen Band auf der Hinterflügeloberseite. Weibchen dunkelbraun und ohne blauen Schimmer. Spannweite bis 6 cm. Flugzeit: in einer Generation Mitte Juni bis Ende Juli in feuchten Wäldern und Auwäldern an Waldwegen. Raupe von Juli bis Juni des Folgejahres bevorzugt an Zitterpappel. RL 3.

Flugzeit	J	F	M	A	M	J	J	A	S	O	N	D
Raupen	J	F	M	A	M	J	J	A	S	O	N	D

4. Großer Schillerfalter
Apatura iris

Flügeloberseite braunschwarz mit weißer Fleckenbinde und Fleckung, auf Hinterflügeloberseite ein gelbroter Ring, je nach Lichteinfall mit mehr oder weniger intensivem Blauschiller, beim Weibchen fehlend. Spitzer Zacken im weißen Band der Hinterflügeloberseite. Kein ringförmiger Augenfleck auf der Vorderflügeloberseite. Spannweite bis 6,5 cm. Flugzeit: in einer Generation Juni bis Ende Juli. In feuchten Misch- und Auwäldern, an feuchten Stellen auf Waldwegen und Kiesbänken Mineralien saugend zu beobachten. Raupe von Juli bis Juni des Folgejahres bevorzugt an Salweide. Bestand abnehmend. RL V.

Flugzeit	J	F	M	A	M	J	J	A	S	O	N	D
Raupen	J	F	M	A	M	J	J	A	S	O	N	D

3

3

3

4

4

5. Großer Fuchs
Nymphalis polychloros

Orangebraune Grundfärbung mit schwarzer und gelber Fleckung und blauen Flecken am Flügelrand. Schwarzer, keilförmiger Fleck auf der Hinterflügeloberseite. Unterseite mit dunkelbrauner, rindenähnlicher Zeichnung. Spannweite bis 5,5, cm. Flugzeit: in einer Generation von Juli mit Überwinterung bis Mai in lichten Laubwäldern an Waldrändern, Streuobstwiesen. Raupe von Mai bis Juli an Salweide, Zitterpappel und Apfel. Falter sucht gerne Stellen mit austretendem Baumsaft zum Saugen auf. In Mitteleuropa selten, in den letzten Jahren vermutlich in Folge des Klimawandels, da wärmeliebend, wieder etwas öfter zu beobachten. RL 3.

Flugzeit	J	F	M	A	M	J	J	A	S	O	N	D
Raupen	J	F	M	A	M	J	J	A	S	O	N	D

6. Trauermantel
Nymphalis antiopa

Dunkelbraune Flügeloberseiten mit schwarz umsäumten, blauen Flecken und einem hellgelben Flügelrand. Spannweite bis 7,5 cm. Flugzeit: in einer Generation von Juli mit Überwinterung bis Juni des Folgejahres in verschiedenartigen Lebensräumen wie Laubwäldern, Streuobstwiesen in kühleren Klimazonen Mitteleuropas, saugt gerne an Stellen mit austretendem Baumsaft oder Fallobst. Raupe von Juni bis Juli an Salweide, anderen Weidenarten und Hängebirke. Die Raupen werden oft stark von Schlupfwespen parasitiert. RL V.

Flugzeit	J	F	M	A	M	J	J	A	S	O	N	D
Raupen	J	F	M	A	M	J	J	A	S	O	N	D

5

5

6

6

7. Tagpfauenauge
Nymphalis io

Einer unserer schönsten und häufigsten Tagfalter, der mit vier ausgeprägten Augenflecken unverwechselbar ist. Flügelaußenränder gezackt. Rindenartige dunkelbraune Zeichnung mit dünnen Linien auf den Flügelunterseiten. Spannweite bis 6,5 cm. Flugzeit: zwei bis drei Generationen Mitte Mai bis Anfang September in verschiedensten Lebensräumen. Überwintert als Falter. Raupe von Ende Mai bis August an Brennnessel. Die Raupen von Tagpfauenauge und Kleinem Fuchs nutzen nicht dieselben Brennnesselstandorte. Eine wirksame Strategie, um Konkurrenz zu vermeiden.

Flugzeit	J	F	M	A	M	J	J	A	S	O	N	D
Raupen	J	F	M	A	M	J	J	A	S	O	N	D

8. Kleiner Fuchs
Nymphalis urticae

Ähnlich Großem Fuchs, aber kleiner. Spannweite bis 5 cm. Flügelränder haben graublaue, schwarz umrandete Flecken. Vorderflügelränder mit hellgelben und schwarzen Flecken. Auf der Vorderflügeloberseite ist im Bereich der Flügelspitze ein weißer Fleck. Flugzeit: in ein bis drei Generationen von Mai bis September in verschiedensten Lebensräumen. Überwintert als Falter. Raupe von Mai bis August an Brennnessel an sonnigen und trockenen Standorten. Früher häufiger, allerdings in den letzten Jahren mit Bestandsschwankungen.

Flugzeit	J	F	M	A	M	J	J	A	S	O	N	D
Raupen	J	F	M	A	M	J	J	A	S	O	N	D

7

7

8

8

9. C-Falter
Polygonia c-album

Stark gezackte Flügelränder, orangebraun mit unterschiedlich starkem Fleckenanteil. Die rindenähnliche Unterseite zeigt auf den Hinterflügeln ein weißes C. Spannweite bis 5 cm. Flugzeit: in zwei Generationen von Mai bis Anfang August in Wäldern, an Waldrändern und in Obstgärten. Die 2. Generation überwintert. Saugt gerne an Fallobst. Raupe von Mai bis August an Brennnessel, Salweide und anderen Baum- und Straucharten wie Haselnuss oder Hopfen.

Flugzeit	J	F	M	A	M	J	J	A	S	O	N	D
Raupen	J	F	M	A	M	J	J	A	S	O	N	D

10. Admiral
Vanessa atalanta

Vorderflügeloberseite mit schwarzen Flügelspitzen und eingelagerten weißen Flecken und orangeroter Saumbinde. Hinterflügel dunkelbraun mit orangeroter Binde entlang der Flügelränder. Hinterflügelunterseite rindenfarbig braun gemustert. Spannweite bis 6,5 cm. Flugzeit: in einer Generation von Juni bis Oktober in fast allen Lebensräumen, häufig an Waldrändern und in Gärten. Falter saugt gerne an Fallobst. Raupe frisst von Mai bis August an Brennnesselarten. Kommt als Wanderfalter aus dem Süden zu uns und kann in geschützten Bereichen bei uns überwintern.

Flugzeit	J	F	M	A	M	J	J	A	S	O	N	D
Raupen	J	F	M	A	M	J	J	A	S	O	N	D

9

9

10

10

11. Distelfalter
Vanessa cardui

Spitzen der Vorderflügeloberseite dem Admiral sehr ähnlich schwarz-weiß gefleckt, ansonsten orangerote Grundfärbung mit schwarzen Flecken. Hinterflügelunterseiten gelblichbraun und weiß marmoriert mit einer Reihe von blau gekernten Augenflecken entlang des Hinterrandes. Spannweite bis 6 cm. Flugzeit: in ein bis zwei Generationen Mai bis Oktober überall in blütenreichen Lebensräumen mit Nektarpflanzen. Der Falter legt seine Eier in Form kleiner Türmchen übereinander. Raupe von Mai bis August an Kratzdistel und verschiedensten anderen Pflanzen. Wanderfalter aus Nordafrika, zuletzt im Frühjahr 2009 Masseneinflug nach Deutschland.

Flugzeit	J	F	M	A	M	J	J	A	S	O	N	D
Raupen	J	F	M	A	M	J	J	A	S	O	N	D

12. Landkärtchen
Araschnia levana

Frühjahrsgeneration orange mit schwarzer Fleckenzeichnung, weiß gefleckten Flügelspitzen und schmalem, blauem Saum am Außenrand der Hinterflügel. Sommergeneration dunkelbraun mit weißem und orangerotem Band. Unterseite mit netzartiger Linienzeichnung. Spannweite bis 4 cm. Flugzeit: in zwei Generationen Mai bis Juni und Juli bis September. Raupe von Mai bis Anfang September an Brennnessel auf Lichtungen und Waldrändern im Halbschatten. Häufig. (Oberseite Sommerform siehe Bild Seite 15).

Flugzeit	J	F	M	A	M	J	J	A	S	O	N	D
Raupen	J	F	M	A	M	J	J	A	S	O	N	D

11

11

12

12

Edelfalter – Perlmutterfalter

Nymphalidae

1. Kaisermantel
Argynnis paphia

Größter heimischer Perlmutterfalter mit bis zu 6,5 cm Spannweite. Orangebraun leuchtende Flügeloberseite mit schwarzen Punkten und Streifenzeichnung. Männchen besitzen hakenförmige Duftschuppen auf der Vorderflügeloberseite. Hinterflügelunterseite leicht grünlich mit silbrigen Streifen. Flugzeit: in einer Generation von Ende Juni bis Mitte September an Waldrändern, auf Waldwegen und Lichtungen. Raupe von August bis Juni des Folgejahres an Veilchenarten und Himbeere.

Flugzeit	J	F	M	A	M	J	J	A	S	O	N	D
Raupen	J	F	M	A	M	J	J	A	S	O	N	D

1

1

1

2. Feuriger Perlmutterfalter
Argynnis adippe

Je eine Reihe von abgerundeten perlmuttfarbenen und dazwischen rotbraun umrandeten Flecken auf der Hinterflügelunterseite. Oberseits orange mit schwarzen Punkten und Binden. Das Männchen besitzt Duftschuppen auf der Vorderflügeloberseite. Unterseiten leicht mit *A. niobe* verwechselbar. Spannweite bis 5,5 cm. Flugzeit: in einer Generation von Juni bis August in verschiedenartigen, gehölzreichen Biotopen, auf lichten Stellen im Wald und Trockenrasen. Raupe zwischen März und Mai an Veilchenarten.

Flugzeit	J	F	M	A	M	J	J	A	S	O	N	D
Raupen	J	F	M	A	M	J	J	A	S	O	N	D

2

2

2

3. Großer Perlmutterfalter
Argynnis aglaja

Rotbraun mit schwarzen Bändern, runden Flecken und dunklem Saum aus halbmondförmigen Flecken am Außenrand der Flügeloberseiten. Gelblichbraune bis grünliche Unterseite mit größeren, schwarz gerandeten, runden Silberflecken. Weibchen etwas heller. Das Männchen besitzt Duftschuppen auf der Vorderflügeloberseite. Spannweite bis zu 6 cm. Flugzeit: in einer Generation von Mitte Juni bis Mitte August in offenen, blütenreichen Bereichen, auf Waldlichtungen, in Mooren und Heiden. Raupe von August überwinternd bis Mai des folgenden Jahres an Veilchenarten und Wiesenknöterich. RL V.

Flugzeit	J	F	M	A	M	J	J	A	S	O	N	D
Raupen	J	F	M	A	M	J	J	A	S	O	N	D

4. Mädesüß-Perlmutterfalter
Brenthis ino

Oberseite orange mit zwei Reihen schwarzer Punkte und schwarzem Saum am Flügelrand. Hinterflügelunterseite mit einem undeutlichen, quer verlaufenden, dunkelvioletten Band mit darin befindlicher Reihe von Augen. Spannweite bis 4 cm. Flugzeit: in einer Generation Juni bis Anfang August in Feuchtwiesen und Niedermoorwiesen. Raupe von April bis Mitte Juni an Mädesüß. RL V.

Flugzeit	J	F	M	A	M	J	J	A	S	O	N	D
Raupen	J	F	M	A	M	J	J	A	S	O	N	D

3

3

3

4

5. Kleiner Perlmutterfalter
Issoria lathonia

Oberseiten orangebraun mit markanter, rundlicher, schwarzer Fleckenmusterung. Hinterflügelunterseiten mit großen, weißen Perlmuttflecken und einem Band von kleinen, schwarz umrandeten Augenflecken. Spannweite bis 4,5 cm. Flugzeit: in ein bis drei Generationen von Ende März bis Ende September auf Trockenrasen, extensiven Brachen und in Heidegebieten. Raupen sind ganzjährig an Acker-Stiefmütterchen zu finden. Deutliche Bestandsabnahme in den letzten Jahren.

Flugzeit	J	F	M	A	M	J	J	A	S	O	N	D
Raupen	J	F	M	A	M	J	J	A	S	O	N	D

5

5

5

6. Silberfleck-Perlmutterfalter
Boloria euphrosyne

Flügeloberseite gelb-orange mit schwarzer Musterung und Fleckenzeichnung. Sehr ähnlich Boloria selene, aber ohne schwarze V-förmige Begrenzungen an Hinterflügelunterseite und mit einem länglichen Perlmuttfleck in der ansonsten hellgelben Flügelbinde. Ein kleiner schwarzer Fleck sitzt im vorderen Bereich der Hinterflügelunterseite. Spannweite bis 4 cm Flugzeit: in ein bis zwei Generationen von Mitte April bis Ende Juli auf Wiesen, an Waldrändern und auf Waldlichtungen. Raupe von Juli mit Überwinterung bis Mai an Veilchenarten. RL 3.

Flugzeit	J	F	M	A	M	J	J	A	S	O	N	D
Raupen	J	F	M	A	M	J	J	A	S	O	N	D

6

6

6

7. Magerrasen-Perlmutterfalter
Boloria dia

Braunviolette Zeichnung auf den Unterseiten der Hinterflügel und 3 kleinen Perlmuttflecken. Mit Spannweite bis 3 cm relativ klein. Flugzeit: in zwei bis drei Generationen von Anfang April bis Anfang September in lichten Wäldern auf blütenreichen Wiesen und in Heidegebieten. Raupen von Juni bis Juli und von August bis April des Folgejahres mit Überwinterung bis April an Veilchenarten auf Magerrasenstandorten. RL 3.

Flugzeit	J	F	M	A	M	J	J	A	S	O	N	D
Raupen	J	F	M	A	M	J	J	A	S	O	N	D

8. Alpen-Perlmutterfalter
Boloria thore

Oberseite hellbraun oder orangebraun mit schwarzbraunen Streifen, Flecken und Verdunkelungen. Silberflecken auf Hinterflügelunterseite fehlen, wie bei den anderen Vertretern der Familie. Spannweite 2,8 bis 3,4 cm. Flugzeit: in einer Generation von Ende Juni bis August in lichten, feuchten Bergwäldern, an Bachufern, in Tälern mit Laubmisch- und Nadelwäldern. Raupen von August mit Überwinterung bis Mai an Veilchenarten. RL G.

Flugzeit	J	F	M	A	M	J	J	A	S	O	N	D
Raupen	J	F	M	A	M	J	J	A	S	O	N	D

7

8

8

9. Hochmoor-Perlmutterfalter
Boloria aquilionaris

Eine stark ausgeprägte Zeichnung aus perlmuttfarbenen und rotbraunen Fleckenbändern auf den Hinterflügelunterseiten. Orange-braune Flügeloberseiten, zur Aussenseite mit schwarzen Zacken und runden Fleckenreihen, innen mit sichelförmigen Linien. Spannweite bis 3,7 cm. Flugzeit: in einer Generation von Anfang Juni bis August in Hoch- und Übergangsmooren. Raupen von Ende Juli mit Überwinterung bis zur Verpuppung im Mai an Gewöhnlicher Moosbeere. RL 2.

Flugzeit	J	F	M	A	M	J	J	A	S	O	N	D
Raupen	J	F	M	A	M	J	J	A	S	O	N	D

9

9

Bestimmungshilfe für Perlmutterfalter durch Flügelvergleich

Kaisermantel männlich

Großer Perlmutterfalter

Kaisermantel männlich

Großer Perlmutterfalter

Kaisermantel weiblich

Magerrasen-Perlmutterfalter

Feuriger Perlmutterfalter

Feuriger Perlmutterfalter

Mädesüss-Perlmutterfalter

Mädesüss-Perlmutterfalter

Alpen-Perlmutterfalter

Alpen-Perlmutterfalter

Kleiner Perlmutterfalter

Kleiner Perlmutterfalter

Silberfleck-Perlmutterfalter

Silberfleck-Perlmutterfalter

Hochmoor-Perlmutterfalter

Hochmoor-Perlmutterfalter

Edelfalter – Scheckenfalter *Nymphalidae*

1. Maivogel, Eschen-Scheckenfalter
Euphydrias maturna

Charakteristische Flügelzeichnung mit dunkelbrauner Grundfärbung und orangen und weißgelben Fleckenbändern. Vorderflügelunterseite orangegelb mit undeutlich gezeichneter, verwaschener Zeichnung. Hinterflügelunterseite orange mit gelblichweißen Fleckenbändern. Spannweite bis 4,5 cm. Flugzeit: in einer Generation von Mitte Mai bis Anfang Juli in feuchten, lichten Wäldern mit Eschenbestand. Raupe von Juli bis Mai des Folgejahres. Die Raupe frisst nach dem Schlupf an Esche, nach der Überwinterung neben Esche auch an verschiedenen anderen Pflanzen wie Roter Heckenkirsche, Salweide oder Wegericharten. Änderungen der Nutzungsformen der Wälder, wo der Falter vorkommt, und auch die Bekämpfung von Schwamm- und Prozessionsspinner mit chemischen Mitteln zur Häutungshemmemung in den vergangenen Jahren hatten auf den Maivogel und andere seltene Arten negative Auswirkungen. Er ist in Deutschland akut vom Aussterben bedroht und kommt nur noch an drei Stellen vor. Sehr selten. RL 1.

Flugzeit	J	F	M	A	M	J	J	A	S	O	N	D
Raupen	J	F	M	A	M	J	J	A	S	O	N	D

1

1

1

1

2. Goldener Scheckenfalter
Euphydrias aurinia

Orangefarbige Binde am unteren Rand der Flügeloberseiten. Hinterflügeloberseite mit schwarzen Punkten in der Binde. Hinterflügelunterseite mit orangefarbigem Band und schwarz gekernten, gelben Flecken darin. Ansonsten mosaikartige Zeichnung mit hellen Flecken und dunkelbraunen Bändern auf den Flügeloberseiten. Spannweite bis über 4 cm. Flugzeit: in einer Generation von Anfang Mai bis Anfang Juli vor allem auf Feucht- und Streuwiesen, aber auch auf trockenen Magerrasen. Raupe von Juni mit Überwinterung bis Mai des folgenden Jahres an Teufelsabbiss, verschiedenen Enzian- und anderen Pflanzenarten. RL 2.

Flugzeit	J	F	M	A	M	J	J	A	S	O	N	D
Raupen	J	F	M	A	M	J	J	A	S	O	N	D

3. Alpen-Scheckenfalter, Veilchen-Scheckenfalter
Melitaea cynthia

Geschlechter verschieden gefärbt. Die Männchen sind durch die ausgedehnte, weiße Flügelzeichnung mit schwarzbraunen Bändern und orangen Flecken unverwechselbar. Weibchen dem Goldenen Scheckenfalter ähnlich. Spannweite bis 4 cm. Flugzeit: in einer Generation von Juni bis August in den Alpen auf mit Bergkiefern bewachsenen Matten und kurzrasigen Almwiesen zwischen 1000–2500 m. Raupe von Juli mit Überwinterung bis Juni folgenden Jahres vor allem an Wegerich und Veilchenarten, auch an Läusekraut. RL R.

Flugzeit	J	F	M	A	M	J	J	A	S	O	N	D
Raupen	J	F	M	A	M	J	J	A	S	O	N	D

2

2

2

3

4. Roter Scheckenfalter
Melitaea didyma

Flügeloberseiten beim Männchen orangerot bis bräunlichrot mit reduziert verteilten, schwarzen Flecken und Bändern. Flügelunterseiten unverwechselbar, Hinterflügelunterseite gelblichweiß mit rötlichorangem schwarz gesäumten Fleckenband und schwarzen Flecken und Strichen. Spannweite bis über 4 cm. Flugzeit: in zwei bis drei Generationen von Juni bis Anfang September auf felsig-steinigen Trockenrasen, wärmeliebend. Raupe von Juli, mit Überwinterung bis Juni folgenden Jahres an Aufrechtem Ziest, Spitzwegerich, Leinkraut, Königskerze und anderen Pflanzen. RL 2.

Flugzeit	J	F	M	A	M	J	J	A	S	O	N	D
Raupen	J	F	M	A	M	J	J	A	S	O	N	D

4

4

4

4

5. Baldrian-Scheckenfalter
Melitaea diamina

Männchen mit dunkelbrauner, gitterförmiger Zeichnung auf der Unterseite der Hinterflügel. In der äußeren rostbraunen Binde schwarze und gelbe Flecken. Spannweite bis 4 cm. Flugzeit: in einer Generation von Mai bis Juli in Feuchtwiesen und Mooren, aber auch auf Halbtrockenrasen. Raupe von Juni, mit Überwinterung bis Mai folgenden Jahres an Baldrianarten. RL 3.

Flugzeit	J	F	M	A	M	J	J	A	S	O	N	D
Raupen	J	F	M	A	M	J	J	A	S	O	N	D

5

5

5

Bestimmungshilfe für Scheckenfalter durch Flügelvergleich

Goldener Scheckenfalter

Goldener Scheckenfalter

Roter Scheckenfalter

Roter Scheckenfalter

Wachtelweizen-Scheckenfalter

Wachtelweizen-Scheckenfalter

Baldrian-Scheckenfalter

Baldrian-Scheckenfalter

Edelfalter – Augenfalter *Nymphalidae*

1. Großes Ochsenauge
Maniola jurtina

Spannweite bis 5 cm. Grundfarbe dunkelbraun und mit beim Männchen sehr kleinem, weißen, schwarz umrandeten Augenfleck und dunklem Duftschuppenfleck auf der Vorderflügeloberseite. Vorderflügel des Weibchens oberseits mit größeren schwarzen, weiß gekernten, unscharf begrenzten Augenflecken auf gelblichbraunem Untergrund. Flügelunterseiten gelbbraun mit breiter heller Querbinde. Flugzeit: in einer Generation von Juni bis September. Die Raupe lebt von Juli bis Juni folgenden Jahres an verschiedenen Gräsern wie Aufrechter Trespe, Schafschwingel und anderen Arten. Relativ anspruchslos an seinen Lebensraum fliegt er auf Wiesen, an Waldrändern und auch in Gärten.

Flugzeit	J	F	M	A	M	J	J	A	S	O	N	D
Raupen	J	F	M	A	M	J	J	A	S	O	N	D

2. Berghexe
Chazara briseis

Spannweite bis 6 cm. Oberseite dunkelbraun mit hell ockerfarbigen Fleckenband und je einem schwarzen, weiß gekernten Augenfleck auf den Vorderflügeln. Flügelunterseiten hell gelblichbraun mit dunkelbrauner Marmorierung und dunkelbraunen Flecken. Flugzeit: Falter fliegt spät in einer Generation von Mitte Juli bis Mitte September. Die Raupe lebt von August bis Juni folgenden Jahres an verschiedenen Gräsern wie Schafschwingel und Aufrechter Trespe. Falter auf felsigen, warmen Trockenrasen. RL 2.

Flugzeit	J	F	M	A	M	J	J	A	S	O	N	D
Raupen	J	F	M	A	M	J	J	A	S	O	N	D

1

1

2

3. Schachbrett
Melanargia galathea

Bis 5 cm Flügelspannweite. Die schachbrettartige schwarz-weiße Zeichnung gab dem Falter den Namen. Die Unterseite ist beim Männchen weißgrau und beim Weibchen gelbgrau gefleckt und trägt auf den Hinterflügeln doppelt angeordnete Augenringe. Flugzeit: in einer Generation von Anfang Juli bis August. Raupe von Juli bis Juni des folgenden Jahres an verschiedenen Grasarten. In vielen Lebensräumen wie lichten Wäldern, Waldlichtungen, Wiesen, auf nicht zu feuchtem Grünland.

Flugzeit	J	F	M	A	M	J	J	A	S	O	N	D
Raupen	J	F	M	A	M	J	J	A	S	O	N	D

4. Weißer Waldportier
Brintesia circe

Spannweite bis 7 cm. Die schwarzbraune Grundfarbe wird oberseits von einer breiten weißen Querbinde unterbrochen. Unterseite zeigt eine weiße, gezackte Querbinde und eine graue Marmorierung. Auf den Vorderflügeln je ein schwarz umrandeter, weiß gekernter Augenfleck. Flugzeit: in einer Generation von Juni bis August. Die Raupe lebt von August bis Juni des folgenden Jahres ebenfalls an Gräsern wie Aufrechter Trespe und Schafschwingel. Falter auf wärmebegünstigten Trockenrasen, mit Gebüsch oder Hecken durchsetzt und lichten Wäldern. RL 2.

Flugzeit	J	F	M	A	M	J	J	A	S	O	N	D
Raupen	J	F	M	A	M	J	J	A	S	O	N	D

3

3

4

5. Blauäugiger Waldportier, Blaukernauge
Minois dryas

Spannweite bis 6 cm. Falter von dunkelbrauner Grundfarbe mit je zwei großen, hellblau gekernten Augenflecken auf den Vorderflügeln, die auch auf der Unterseite zu sehen sind. Weibchen von hellerer Grundfarbe. Hinterflügelunterseite mit hellgrauer Querbinde. Flugzeit: Falter fliegt spät in einer Generation von Juli bis September.
Die Raupe lebt von August bis Juni folgenden Jahres an Gräsern wie dem Pfeifengras oder Aufrechter Trespe. Falter fliegt in Niedermooren und Streuwiesen, aber auch in trocken-warmen Wiesen in Auwaldlichtungen. RL 2.

Flugzeit	J	F	M	A	M	J	J	A	S	O	N	D
Raupen	J	F	M	A	M	J	J	A	S	O	N	D

6. Rundaugen-, Früher Mohrenfalter
Erebia medusa

Spannweite bis 4,5 cm. Grundfarbe der Flügel dunkelbraun. Die schwarzen, weiß gekernten Augenflecken sind mehr oder weniger groß, rötlichbraun gesäumt. Flugzeit: in einer Generation von Mitte Mai bis Ende Juli. Die Raupe lebt von Juni bis Mai folgenden Jahres an Gräsern wie Schafschwingel, Aufrechter Trespe und weiteren Arten. Der Falter lebt auf Waldwiesen, Streuwiesen, Trockenrasen in sowohl feuchteren als auch trockenen Bereichen.

Flugzeit	J	F	M	A	M	J	J	A	S	O	N	D
Raupen	J	F	M	A	M	J	J	A	S	O	N	D

5

5

6

6

7. Weißbindiger Mohrenfalter
Erebia ligea

Spannweite bis 4 cm. Grundfarbe dunkelbraun. Auf der Flügeloberseite mit einem rotbraunen Querband mit weiß gekernten Augenfleckenreihen. Hinterflügelunterseite mit Augenfleckenreihe und kurzer weißer Binde. Flugzeit: in einer Generation von Juni bis August. Die Raupe frisst in ihrer zweijährigen Entwicklungszeit an verschiedenen Grasarten. Der Falter lebt in lichten Wäldern und an Waldrändern.

Flugzeit	J	F	M	A	M	J	J	A	S	O	N	D
Raupen	J	F	M	A	M	J	J	A	S	O	N	D

8. Schweizer Schillernder Mohrenfalter
Erebia tyndarus

Spannweite bis 3,5 cm. Grundfarbe dunkelbraun mit einem, je nach Lichteinfall, mehr oder weniger intensiven grünlich-blauen Schillern auf der Oberseite der Flügel. Vorderflügel mit oranger Querbinde mit schwarzen, weiß gekernten Augenflecken. Flugzeit: in einer Generation von Ende Juni bis Ende August. Die Art kommt nur in den Alpen vor, auf sonnig warmen Bergwiesen und -weiden mit offenen Bodenstellen zwischen 1000 und 2000 Metern. Die Raupe lebt von Juli bis Juni folgenden Jahres an Gräsern wie Schwingelarten und anderen. RL R.

Flugzeit	J	F	M	A	M	J	J	A	S	O	N	D
Raupen	J	F	M	A	M	J	J	A	S	O	N	D

7

7

8

9. **Brauner Waldvogel,** Schornsteinfeger
Aphantopus hyperantus

Spannweite bis 4,5 cm. Grundfarbe dunkel bis schwarzbraun mit sehr kleinen Augenflecken auf den Flügeloberseiten, die beim Weibchen größer, deutlicher und hellgelb umrandet sind. Augenflecken auf den Flügelunterseiten größer, weiß gekernt und gelb umrandet. Flugzeit: in einer Generation von Mitte Juni bis Ende August. Die Raupe lebt von August bis Juni folgenden Jahres an verschiedenen Grasarten. Der Falter kommt an lichten Stellen in Wäldern, an Waldrändern, in Wiesen und manchmal auch in Gärten vor.

Flugzeit	J	F	M	A	M	J	J	A	S	O	N	D
Raupen	J	F	M	A	M	J	J	A	S	O	N	D

10. **Kleines Wiesenvögelchen**
Coenonympha pamphilius

Spannweite bis 3,5 cm. Flügeloberseite ockerbraun mit durchscheinenden Augenflecken, Vorderflügelunterseite orangebraun mit je einem weiß gekernten, gelb umrandeten schwarzen Augenfleck. Hinterflügelunterseite graubraun mit heller Zacke. Flugzeit: in mehreren Generationen von April bis September. Die Raupe ist während des ganzen Jahres an verschiedenen Grasarten anzutreffen. Kann fast überall auf nicht zu stark gedüngtem Grünland leben, wo die geeigneten Grasarten vorkommen.

Flugzeit	J	F	M	A	M	J	J	A	S	O	N	D
Raupen	J	F	M	A	M	J	J	A	S	O	N	D

9

9

10

11. Alpen-Wiesenvögelchen
Coenonympha gardetta

Spannweite bis 3,5 cm. Vorderflügeloberseite und -unterseite ocker bis gelblich braun, auch dunkler. Auf der graubraunen Hinterflügelunterseite ein weißes Band, in dem sich schwarze, weiß gekernte Augenflecken befinden. Flugzeit: in einer Generation von Juni bis Ende September. Die Raupe lebt von August bis Juli folgenden Jahres an verschiedenen Grasarten. Der Falter ist ein Bewohner der alpinen Rasen und Wiesen bis auf über 2500 m Höhe. RL R.

Flugzeit	J	F	M	A	M	J	J	A	S	O	N	D
Raupen	J	F	M	A	M	J	J	A	S	O	N	D

12. Weißbindiges Wiesenvögelchen
Coenonympha arcania

Spannweite bis 3,5 cm. Vorderflügeloberseite ockerbraun mit dunkelbrauner Binde am Außenrand. Hinterflügelunterseite mit mehreren größeren und kleineren, schwarzen, weiß gekernten Augenringen, die orange und dunkelbraun umringt werden und zwischen denen ein weiß gezacktes Querband verläuft. Flugzeit: in einer Generation von Mai bis Ende August. Die Raupe lebt von Juni bis Mai folgenden Jahres an verschiedenen Grasarten. Der Falter bewohnt magere Wiesen, Trockenrasen und Waldlichtungen.

Flugzeit	J	F	M	A	M	J	J	A	S	O	N	D
Raupen	J	F	M	A	M	J	J	A	S	O	N	D

11

12

12

12

13. Waldbrettspiel
Pararge aegeria

Spannweite bis 4,5 cm. Flügeloberseiten dunkelbraun mit beim Weibchen mehr, beim Männchen wenigeren, hellgelben Flecken und schwarzen, weiß gekernten Augenflecken. Auf der Unterseite ein helles Fleckenmuster und ein schwarzer, weiß gekernter Augenfleck an der Spitze des Vorderflügels. Hinterflügelunterseite mit drei Augenflecken in Reihe, ansonsten dunkel marmoriert. Flugzeit: in zwei bis drei Generationen von April bis September. Die Raupen leben von Mai bis Juni und von August bis Oktober an verschiedenen Grasarten wie Knäuelgras. Der Falter ist der einzige, wirkliche Waldbewohner unter den Tagfaltern, schattenliebend an kleinen Lichtungen und Schneisen auch in dichten Wäldern zu beobachten.

Flugzeit	J	F	M	A	M	J	J	A	S	O	N	D
Raupen	J	F	M	A	M	J	J	A	S	O	N	D

14. Gelbringfalter
Lopinga achine

Spannweite bis 4,8 cm. Grundfarbe braun mit weißer Binde auf Flügelaußenseite, in der sich schwarze, weiß gekernte, gelb umrandete Augenflecken befinden. Flugzeit: in einer Generation von Juni bis Juli. Die Raupe lebt von Juli mit Überwinterung bis Mai folgenden Jahres an Fieder- und Wald-Zwenke und Seggenarten. Der Falter lebt in lichten Wäldern und an Waldrändern. In den letzten Jahren sehr selten geworden. RL 1.

Flugzeit	J	F	M	A	M	J	J	A	S	O	N	D
Raupen	J	F	M	A	M	J	J	A	S	O	N	D

13

13

14

14

15. Mauerfuchs
Lasiommata megera

Spannweite bis 4,5 cm. Grundfarbe orangebraun mit dunkelbraunen, gitternetzartigen Bindenmuster und großen schwarzen, weiß gekernten Augenflecken an der Spitze der Vorderflügel. Beim Männchen 3, beim Weibchen 4 kleine Augenflecken am Rand der Oberseite der Hinterflügel. Die Unterseite der Hinterflügel ist grau marmoriert und trägt sieben schwarz gekernte, gelbe Augenflecken am Außenrand. Flugzeit: in zwei bis drei Generationen von April bis Oktober. Raupen leben von Juni bis Juli und September bis März an verschiedenen Grasarten. Der Falter ist auf warmem steinig-felsigen Trockenrasen, in Steinbrüchen, an Felswänden, Steinmauern in sonnigen Lagen zu finden.

Flugzeit	J	F	M	A	M	J	J	A	S	O	N	D
Raupen	J	F	M	A	M	J	J	A	S	O	N	D

16. Braunauge
Lasiommata maera

Auf der Oberseite der graubraun gefärbten Vorderflügel befinden sich an der Flügelspitze orangebraune Felder und darin ein schwarzer, ein- oder zweifach weiß gekernter Augenfleck. Die Hinterflügeloberseite ist dunkelbraun gefärbt mit drei bis vier schwarzen Augenflecken im orangegelbem Saum. Unterseite der Vorderflügel orange mit schwarzen doppelt weiß gekerntem Augenfleck. Graubraune Hinterflügelunterseiten mit schwarzen, weiß gekernten Augenflecken. Spannweite bis zu 5 cm. Der Falter ist damit etwas größer als der Mauerfuchs. Flugzeit: in einer bis zwei Generationen von Juni bis Anfang September. Die Raupe der zweiten Generation lebt von Juli bis April des Folgejahres an verschiedenen Gräsern, wie Landreitgras, Schafschwingel. Zu finden sind die Falter auf felsigen Trockenrasen, an Waldlichtungen und -rändern, etwas häufiger in den Alpen und Mittelgebirgsregionen, allerdings im Bestand stark zurückgehend. RL V.

Flugzeit	J	F	M	A	M	J	J	A	S	O	N	D
Raupen	J	F	M	A	M	J	J	A	S	O	N	D

15

15

16

Dickkopffalter *Hesperiidae*

1. Dunkler Dickkopffalter, Kronwicken-Dickkopffalter
Erynnis tages

Von dunkelbrauner Grundfarbe mit beim Weibchen weißgrauen Bändern und Flecken auf der Oberseite, die beim Männchen dunkler und undeutlicher sind. Flügelunterseite gelblichbraun mit undeutlichen Flecken. Spannweite bis 3 cm. Flugzeit: in einer, seltener in zwei, Generationen von April bis Juli und von Juli bis September. Die Falter sind in extensiv genutztem Grünland, Magerrasen, Waldwiesen und Hängen und seltener auch auf feuchteren, nicht überdüngten Standorten zu finden. Die Raupe lebt von August bis Mai des Folgejahres und Mitte Juni bis Juli an Hornklee, Hufeisenklee, Bunter Kronwicke. RL V.

Flugzeit	J	F	M	A	M	J	J	A	S	O	N	D
Raupen	J	F	M	A	M	J	J	A	S	O	N	D

2. Kleiner Würfel-Dickkopffalter
Pyrgus malvae

Flügeloberseite dunkel- bis schwarzbraun mit scharf abgegrenzten, weißen Fleckenmustern. Flügel mit weißen Rändern. Stark behaarter, dicker Kopf. Die hellbraunen Flügelunterseiten tragen weiße, scharf abgegrenzte Flecken. Leicht mit anderen Arten der Dickkopffalter zu verwechseln. Spannweite bis 2,5 cm. Flugzeit: in einer Generation von April bis Anfang Juli auf Trockenrasen, an Dämmen, Böschungen, aber auch in Feucht- oder Waldwiesen. Die Raupe lebt von Juni bis September an Odermennig, Fingerkraut-, Erdbeer-Arten, Kleiner Wiesenknopf, Mädesüß. Häufig.

Flugzeit	J	F	M	A	M	J	J	A	S	O	N	D
Raupen	J	F	M	A	M	J	J	A	S	O	N	D

1

2

2

2

3. Gelbwürfeliger Dickkopffalter
Caterocephalus palaemon

Flügeloberseite dunkelbraun mit orangegelber, würfelartiger Fleckenzeichnung. Beim Männchen befindet sich auf der dunkelbraunen Hinterflügeloberseite eine gelbliche Fleckenreihe. Gitternetzartige Zeichnung mit gelblich-weißen Flecken auf der Flügelunterseite. Fühler gelblich-weiß geringelt. Spannweite bis 3 cm. Flugzeit: in einer Generation von Anfang Mai bis Juli in Waldnähe auf Lichtungen oder an Waldrändern. Raupe von Juli bis April des Folgejahres an verschiedenen Grasarten.

Flugzeit	J	F	M	A	M	J	J	A	S	O	N	D
Raupen	J	F	M	A	M	J	J	A	S	O	N	D

4. Malven-Dickkopffalter
Carcharodus alceae

Der 2,3 bis 3 cm große Falter ist braun mit scharf abgegrenzter, weißer Fleckung, rechteckiger dunkelbrauner Musterung und hellen vom Flügelrand zur Mitte reichenden, quer verlaufenden weißen Fleckenreihen. Am Flügelrand ein weißer, schwarz unterbrochener Saum. Die hellbräunliche Unterseite an den Hinterflügeln hat dunkle Flecken am Außenrand und ist eingekerbt. Flugzeit: in zwei (in südlichen Bereichen Europas in fünf) Generationen von Anfang Mai bis Ende Juni und von Mitte Juli bis Anfang September. Die Raupe lebt von September überwinternd bis April des Folgejahres und von Juni bis Juli an Malvenarten und Eibisch an Böschungen, trocken-warmen Hängen, Waldlichtungen und Dämmen und auf Ruderalflächen, in Kiesgruben und Steinbrüchen. RL 3.

Flugzeit	J	F	M	A	M	J	J	A	S	O	N	D
Raupen	J	F	M	A	M	J	J	A	S	O	N	D

3

3

4

4

5. Kommafalter, Komma-Dickkopffalter
Hesperia comma

Den namengebenden schwarzen Strich hat nur das Männchen auf den Vorderflügeloberseiten. Deutliche, hellgelbe Doppelflecken an der Flügelspitze. Vom Rostfarbigen Dickkopffalter unterscheiden ihn die weißen, scharf begrenzten Flecken auf der grünlichbraunen Unterseite der Hinterflügel. Spannweite bis 3 cm. Flugzeit: in einer Generation von Mitte Juni bis Ende September auf Trockenrasen, Kalkmagerrasen und magerem Grasland. Raupe von Mitte März bis Mitte Juni an Schafschwingel, Silbergras und anderen Grasarten.

Flugzeit	J	F	M	A	M	J	J	A	S	O	N	D
Raupen	J	F	M	A	M	J	J	A	S	O	N	D

6. Rostfarbiger Dickkopffalter
Ochlodes sylvanus

Der Falter ist braun, ähnlich dem Kommafalter, die Flecken heben sich aber nicht so deutlich ab wie bei diesem und sind hell gelbbraun gefärbt. Männchen mit schwarzem Strich auf den Vorderflügeln. Undeutliche hellere Fleckenreihen auf der Unterseite. Spannweite bis 3,5 cm. Flugzeit: in einer Generation von Ende Mai bis August an Waldrändern und -lichtungen, auf Wiesen in Parks und Gärten und an Hecken. Raupe von August bis Mai des Folgejahres an verschiedenen Grasarten.

Flugzeit	J	F	M	A	M	J	J	A	S	O	N	D
Raupen	J	F	M	A	M	J	J	A	S	O	N	D

5

5

6

6

Bläulinge *Lycaenidae*

1. Zwerg-Bläuling *Cupido minimus*

Sehr kleiner Bläuling. Grundfarbe Flügeloberseite beim Weibchen dunkelgraubraun, beim Männchen mehr oder weniger grünlichblau beschuppt. Flügelunterseite hellgrau mit Reihen kleiner, weiß umrandeter, schwarzer Punkte. Flügelsaum durchgehend weiß. Spannweite 1,8 bis 2,5 cm. Flugzeit: in ein bis zwei Generationen von April bis August auf Grasland, Felshängen und Waldlichtungen. Raupe von August bis April und von Juni bis Ende Juli an Wundklee. RL V.

Flugzeit	J	F	M	A	M	J	J	A	S	O	N	D
Raupen	J	F	M	A	M	J	J	A	S	O	N	D

2. Kurzschwänziger Bläuling *Cupido argiades*

Beim Männchen Flügeloberseite dunkelblau, beim Weibchen oberseits dunkelbraun mit unterschiedlich ausgedehnter, blauvioletter Bestäubung. Je zwei orangefarbige Randflecken mit schwarzen Punkten auf Hinterflügelunterseite und dünne, spitze fadenförmige Schwänzchen. Spannweite bis 2,5 cm. Flugzeit: in mehreren Generationen von April bis September auf sonnigen Trockenstandorten und warmfeuchten, extensiv genutzten blütenreichen Wiesen und Ruderalflächen an Dämmen, Böschungen und Gebüschen. Raupe von August bis April des folgenden Jahres und von Juni bis Juli an Schmetterlingsblütlern wie Hornklee, Bunter Kronwicke, Wiesenklee oder Luzerne. In den letzten Jahren in Ausbreitung, in Süddeutschland vermutlich im Zusammenhang mit der Klimaerwärmung.

Flugzeit	J	F	M	A	M	J	J	A	S	O	N	D
Raupen	J	F	M	A	M	J	J	A	S	O	N	D

1

1

2

2

3. Kleiner Alpen-Bläuling
Cupido osiris

Männchen intensiv blauviolett auf der Flügeloberseite mit schwarzem Saum am Außenrand. Beim Weibchen Flügeloberseite dunkelbraun, oft mit bläulicher Bestäubung an den Flügelwurzeln. Spannweite bis 2,5 cm. Flugzeit: in ein bis zwei Generationen von Ende April bis Anfang September auf trockenen, sonnigen Magerrasen, südliche Art. Raupe von Mai bis April des folgenden Jahres an Esparsette.

Flugzeit	J	F	M	A	M	J	J	A	S	O	N	D
Raupen	J	F	M	A	M	J	J	A	S	O	N	D

4. Storchschnabel-Bläuling
Aricia eumedon

Flügeloberseite bei Männchen und Weibchen dunkelbraun mit kaum vorhandenen bis fehlenden orangen Flecken am Flügelrand. Auf der Unterseite der Hinterflügel befindet sich ein ausgeprägter langer weißer Strich, der von der Flügelmitte bis zur Fleckenreihe am Außenrand reicht. Spannweite bis 3 cm. Flugzeit: in einer Generation von Mai bis August auf Feuchtwiesen, aber auch Kalkmagerrasen bis weit über 2000 m. Raupe von Juli mit Überwinterung bis Juni an Storchschnabelarten. RL 2.

Flugzeit	J	F	M	A	M	J	J	A	S	O	N	D
Raupen	J	F	M	A	M	J	J	A	S	O	N	D

3

3

4

5. Fetthennen-Bläuling
Scolitantides orion

Fransen an den Flügeln auffällig schwarz-weiß gestreift. Flügelloberseite beim Männchen mit intensivem, variabel überstäubtem Blauanteil, am Außenrand mit schwarzen, heller umrandeten Punkten. Weibchen oberseits dunkel bis schwarzbraun. Vorderflügelunterseite bläulich-weiß mit Binde aus großen schwarzen Flecken, Hinterflügelunterseite mit zusammenhängender oranger Binde aus halbmondförmigen Flecken. Spannweite bis 2,8 cm. Flugzeit: ein bis zwei Generationen von April bis August an trockenwarmen, sonnigen Hängen, Steinbrüchen, Dämmen in Flusstälern. Raupe von Mai bis Juli an Großer Fetthenne. Sehr selten. RL 1.

Flugzeit	J	F	M	A	M	J	J	A	S	O	N	D
Raupen	J	F	M	A	M	J	J	A	S	O	N	D

6. Westlicher Quendel-Bläuling, Graublauer Bläuling
Scolitantides baton

Auffällige, orange Fleckenreihe mit schwarzen Halbmonden und Punkten am Hinterflügelrand. Oberseite beim Männchen grau bis hellblau. Weibchen schwarzbraun mit blauer Überstäubung. Schwarze Flecken unterseits, im Vergleich zu S. orion etwas kleiner und hell umrandet. Spannweite bis 2,9 cm. Flugzeit: zwei Generationen von Mai bis Juni und Mitte Juli bis Anfang September auf warmen Trockenrasen, Schuttfluren und Felshalden. Raupe von Juni bis Juli und Mitte August mit Überwinterung bis zum Frühjahr an Thymian. RL 2.

Flugzeit	J	F	M	A	M	J	J	A	S	O	N	D
Raupen	J	F	M	A	M	J	J	A	S	O	N	D

5

5

6

6

7. Thymian-Ameisen-Bläuling, Schwarzgefleckter Ameisen-Bläuling
Maculinea arion

Sehr großer Bläuling. Flügeloberseite hellblau mit ausgeprägt großen länglichen, schwarzen Flecken und breiten dunklem Außenrand. Flügelunterseite hell graubraun mit großen weiß gerandeten schwarzen Punkten. Hinterflügelunterseite an der Wurzel blau bestäubt. Spannweite bis 4 cm. Flugzeit: in einer Generation von Juni bis August. Die Raupe lebt von August an als Jungraupe an Thymianarten und lässt sich vermutlich nach einigen Häutungen ins Nest von Knotenameisen *(Myrmica spec.)* eintragen, wo sie sich bis Juni des folgenden Jahres von der Ameisenbrut ernährt. RL 2.

Flugzeit	J	F	M	A	M	J	J	A	S	O	N	D
Raupen	J	F	M	A	M	J	J	A	S	O	N	D

8. Lungenenzian-Ameisen-Bläuling
Maculinea alcon

Flügeloberseite beim Männchen blau mit schmalem schwarzbraunem Rand, beim Weibchen braun. Dunkelbraune Flügelunterseite mit zwei Reihen schwarzer hell umrandeter Punkte, von denen die äußeren unscharf erscheinen. Spannweite bis 3,6 cm. Flugzeit: in einer Generation von Juli bis August in feuchten Lebensräumen. Raupe von August überwinternd bis Juni an Lungen- oder Schwalbenwurz-Enzian in Feuchtgebieten, Niedermooren und feuchten Streu- und Pfeifengraswiesen in späterem Raupenstadium ihrer bis zu zweijährigen Entwicklungszeit in den Nestern von Knotenameisen parasitierend. RL 2. Der Lungen- und der nah verwandte Kreuzenzian-Ameisen-Bläuling sind im Aussehen wie auch genetisch nicht eindeutig auseinanderzuhalten. Der bevorzugt auf Trockenrasen wachsende Kreuzenzian, seine Raupenfutterpflanze, gibt Auskunft über die Artzugehörigkeit.

Flugzeit	J	F	M	A	M	J	J	A	S	O	N	D
Raupen	J	F	M	A	M	J	J	A	S	O	N	D

7

8

9. Dunkler Wiesenknopf-Ameisen-Bläuling
Maculinea nausithous

Flügelunterseite kräftig braun mit einer Reihe schwarzer Punkte. Flügeloberseite beim Männchen dunkelblau mit schwarzen Strichen und breitem dunklen Saum. Weibchen dunkelbraun mit – manchmal wenig – bläulicher Bestäubung an der Flügelbasis. Spannweite bis 3,4 cm. Flugzeit: in einer Generation von Juni bis August. Raupe ab Juli an Großem Wiesenknopf in Feuchtwiesen, Hochstaudenfluren. Wird von Knotenameisen *(Myrmica rubra)* ins Nest eingetragen, wo sie sich bis Mai des folgenden Jahres von den Larven ernährt. Schon kleine Flächen mit Wiesenknopf genügen. RL 3.

Flugzeit	J	F	M	A	M	J	J	A	S	O	N	D
Raupen	J	F	M	A	M	J	J	A	S	O	N	D

10. Heller Wiesenknopf-Ameisen-Bläuling, Großer Moorbläuling
Maculinea teleius

Flügelunterseite graubraun mit zwei Reihen schwarzer, hell umrandeter Punkte. Flügeloberseite mit blauer Bestäubung und mehr oder weniger ausgeprägten dunklen Strichen. Dunkler Flügelsaum, beim Weibchen breiter. Spannweite bis 3,7 cm. Flugzeit: in einer Generation von Juni bis August. Raupe ab Anfang August ausschließlich an Großem Wiesenknopf in Feuchtwiesen, Niedermoor- und Pfeifengraswiesen mit größeren Beständen des Wiesenknopfes. Flächenbedarf größer als bei *P. nausithous*. Die Raupe wird im Herbst von Knotenameisen, hauptsächlich *(Myrmica scabrinodis)* in deren Nester eingetragen, wo sie bis Juni des folgenden Jahres lebt. RL 2.

Flugzeit	J	F	M	A	M	J	J	A	S	O	N	D
Raupen	J	F	M	A	M	J	J	A	S	O	N	D

9

9

9

10

11. Alexis-Bläuling
Glaucopsyche alexis

Beim Männchen Flügeloberseite hellblau mit dunklem Außenrand. Weibchen dunkelbraun mit blauviolettem Schimmer. Hinterflügelunterseite smaragdgrün, an der Basis ausgeprägt große, dunkle Flecken an der Vorderflügelunterseite. Spannweite bis 3,5 cm. Flugzeit: in einer Generation von April bis Anfang Juli auf mit Gebüsch bestandenen, trockenen, warmen Hängen, Lichtungen, Waldrändern, Steinbrüchen. Raupe von Juni bis Juli an Esparsette, Luzerne, einigen Wickenarten und verschiedenen Schmetterlingsblütlern. RL 3.

Flugzeit	J	F	M	A	M	J	J	A	S	O	N	D
Raupen	J	F	M	A	M	J	J	A	S	O	N	D

12. Heller Alpen-Bläuling
Plebejus orbitulus

Männchen leuchtend hellblau mit schmalem, dunklem Flügelrand. Weibchen dunkelbraun. Größere weiße Flecke auf der Hinterflügelunterseite bei beiden Geschlechtern. Spannweite bis 2,7 cm. Flugzeit: in einer Generation von Juni bis August auf trockenen, kurzrasigen Alpenwiesen mit felsigen und offenen Stellen bis auf 2600 m Höhe. Raupe von August mit Überwinterung bis Juni an Schmetterlingsblütlern wie Alpen-Süßklee oder Alpentragant. RL R.

Flugzeit	J	F	M	A	M	J	J	A	S	O	N	D
Raupen	J	F	M	A	M	J	J	A	S	O	N	D

12

11

11

12

13. Argus-Bläuling
Plebejus argus

Flügeloberseite beim Männchen blauviolett mit dunkelbraunem Flügelrand. Weibchen braun mit Binde, orangefarbiger Halbmond am Rand der Hinterflügel. Flügelunterseite beim Männchen graublau, Hinterflügelunterseite mit metallisch blauer Fleckenreihe, oranger von schwarzen halbmondförmigen Flecken gesäumter Binde. Beim Weibchen braune Flügelunterseite. Sichere Bestimmung nur durch Genitaluntersuchung möglich. Spannweite bis 3 cm. Flugzeit: in ein bis selten drei Generationen von Mai bis September. Raupe von April bis Mai an verschiedenen Schmetterlingsblütlern wie Bunter Kronwicke, Hufeisenklee, Hornklee und Heidekrautgewächsen auf Ruderalflächen, Magerrasen, Moorheiden in feuchten und trockenen Lebensräumen, bis auf Höhen von über 2500 m.

Flugzeit	J	F	M	A	M	J	J	A	S	O	N	D
Raupen	J	F	M	A	M	J	J	A	S	O	N	D

14. Idas-Bläuling
Plebejus idas

Beim Männchen Flügeloberseite violettblau mit schmalem, dunklem Rand. Weibchen dunkelbraun mit orangen Halbmondbinden, manchmal violettblau gefärbt. Flügeloberseite mit orangen Halbmondbinden und blaumetallischer Fleckenreihe auf Hinterflügelunterseite. Sichere Bestimmung ist nur durch Genitaluntersuchung möglich. Spannweite bis 3,5 cm. Flugzeit: in zwei Generationen von Mai bis September auf Magerrasen, in Sand- und Kiesgruben mit Besenginster, Brachen und Böschungen in Eichen-Hainbuchenwäldern. Raupe von März bis Mai und von Juli bis August an Schmetterlingsblütlern wie Hornklee, Besenginster, Weißem Steinklee und Heidekrautgewächsen. RL 2.

Flugzeit	J	F	M	A	M	J	J	A	S	O	N	D
Raupen	J	F	M	A	M	J	J	A	S	O	N	D

13

13

14

14

15. Faulbaum-Bläuling
Celastrina argiolus

Männchen auf der Flügeloberseite hellblau mit dunklem, schmalem Flügelrand, beim Weibchen dunkler Flügelrand breit. Flügelunterseite hellgrau mit kleinen schwarzen Punkten. Spannweite bis 3 cm. Flugzeit: in zwei Generationen von April bis Juni sowie Juli bis August in verschiedenen Lebensräumen wie Waldlichtungen, in Heidegebieten, auch in Gärten. Raupe von Mai bis September an verschiedensten Pflanzen wie Faulbaum, Blutweiderich, Brombeere, Mädesüß und anderen.

Flugzeit	J	F	M	A	M	J	J	A	S	O	N	D
Raupen	J	F	M	A	M	J	J	A	S	O	N	D

16. Silbergrüner Bläuling
Polyommatus coridon

Männchen hellblau, silbrig glänzend, leicht grünlich mit dunklen Punkten und einem mehr oder weniger breiten dunklen graubraunem Rand an der Hinterflügeloberseite. Weibchen dunkelbraun mit Reihe oranger Halbmondbinden am Rand der Hinterflügeloberseite. Flügelunterseiten beim Weibchen braun. Beide Geschlechter mit weißem Dreieck auf der Hinterflügelunterseite. Spannweite bis 3,5 cm. Flugzeit: in einer Generation von Ende Juni bis Oktober auf Trockenrasen und Kalkmagerrasen an Hängen, Glatthaferwiesen, Böschungen und Dämmen bis über 2000 m. Raupe von Ende April bis Mitte Juli an Hufeisenklee.

Flugzeit	J	F	M	A	M	J	J	A	S	O	N	D
Raupen	J	F	M	A	M	J	J	A	S	O	N	D

15

15

16

16

17. Himmelblauer Bläuling
Polyommatus bellargus

Intensiv himmelblaue Flügeloberseiten beim Männchen mit sehr schmalem, dunklem Saum und weißen, schwarz unterbrochenen Fransen. Flügeloberseite beim Weibchen dunkelbraun gesäumt mit oranger Fleckenbinde. Auf den Vorderflügeln schwarze, weiß umrandete Punktreihen, die am Hinterflügel eine ausgeprägte Bogenform bilden. Spannweite bis 3,3 cm. Flugzeit: in zwei Generationen von Mai bis Juni und Ende Juli bis September in offenen, sonnigen Halbtrockenrasen. Raupe von September bis Juli des Folgejahres an Hufeisenklee. RL 3.

Flugzeit	J	F	M	A	M	J	J	A	S	O	N	D
Raupen	J	F	M	A	M	J	J	A	S	O	N	D

18. Hauhechel-Bläuling, Gemeiner Bläuling
Polyommatus icarus

Die Flügeloberseite ist beim Männchen intensiv hellblau bis violettblau. Beim Weibchen ist sie braun mit orangen Flecken am Rand. Unterseite mit oranger Fleckenreihe und Reihen von schwarzen Punkten und Halbmonden innen und außen.
Spannweite bis 3 cm. Flugzeit: in ein bis manchmal 3 Generationen von Ende April bis Oktober. Raupe von Juni bis zur Überwinterung an Schmetterlingsblütlern wie Hornklee, Kleearten, Hauhechel in verschiedenen trockenen und feuchten, offenen Lebensräumen wie Wiesen, Böschungen, Dämmen, Flachmoorwiesen und feuchten Hochstaudenfluren.

Flugzeit	J	F	M	A	M	J	J	A	S	O	N	D
Raupen	J	F	M	A	M	J	J	A	S	O	N	D

17

17

18

18

19. Weißdolch-, Streifen-Bläuling
Polyommatus damon

Auf der braunen Hinterflügelunterseite befindet sich ein langer, weißer Längsstrich und einige kleine, schwarze Punkte. Größere schwarze, weiß umrandete Punkte auf der Vorderflügelunterseite. Männchen auf der Flügeloberseite leuchtend blau, an den Rändern braun. Die Weibchen sind gänzlich braun. Spannweite bis 3,8 cm. Flugzeit: in einer Generation von Juni bis August in offenen, wenig verbuschten Lebensräumen wie Kalkmagerrasen. Raupe von September mit Überwinterung an Esparsetten, auch im Eistadium überwinternd. In Symbiose mit Ameisenarten. Sehr selten, RL 1.

Flugzeit	J	F	M	A	M	J	J	A	S	O	N	D
Raupen	J	F	M	A	M	J	J	A	S	O	N	D

20. Rotklee-Bläuling
Polyommatus semiargus

Flügeloberseite beim Männchen dunkelblau mit dunklem Rand, beim Weibchen braun. Für einen Vertreter der Gattung Polyommatus auf der Unterseite mit nur einer Reihe kleiner schwarzer, weiß umrandeter Flecken auf graubraunem Grund; recht reduziert gezeichnet. Spannweite bis 3,3 cm. Flugzeit: ein bis zwei Generationen von Mai bis Oktober auf Feucht-, Almwiesen, Grünland, Ruderalflächen, Waldlichtungen. Raupe von Juni mit Überwinterung bis April an Rotklee und weiteren Kleearten.

Flugzeit	J	F	M	A	M	J	J	A	S	O	N	D
Raupen	J	F	M	A	M	J	J	A	S	O	N	D

19

19

20

20

21. Zahnflügel-Bläuling
Polyommatus daphnis

Weibchen mit deutlichen Ausbuchtungen der Hinterflügel, beim Männchen weniger ausgeprägt. Männchen mit Duftschuppenflecken auf der Vorderflügelunterseite und silberblauer Grundfärbung. Weibchen schwarzbraun mit manchmal spärlicher blauer Beschuppung. Am Rand der Hinterflügel sind häufig eine Reihe heller halbmondförmiger Flecken sichtbar. Spannweite bis 3,5 cm. Flugzeit: in einer Generation von Juni bis August an trockenen, warmen Hängen, Wacholderheiden, am Saum von Gebüschen und Wäldern. Raupe von April bis Ende Mai an Bunter Kronwicke. RL 2.

Flugzeit	J	F	M	A	M	J	J	A	S	O	N	D
Raupen	J	F	M	A	M	J	J	A	S	O	N	D

21

21

21

Bestimmungshilfe für Bläulinge durch Flügelvergleich

Zwergbläuling

Kleiner Alpen-Bläuling

Kurzschwaenziger Bläuling

Faulbaumbläuling

Fetthennenbläuling

Alexis-Bläuling

Lungenenzianbläuling

Schwarzgefleckter Ameisen-Bläuling

Großer Moorbläuling

Dunkler Wiesenknopf-Ameisenbläuling

Argus-Bläuling

Idas-Bläuling

Heller Alpen-Bläuling

Storchschnabel-Bläuling

Silbergrüne Bläulinge

Zahnflügelbläuling

Kleiner Sonnenröschen-Bläuling

Rotklee-Bläuling

Kleiner Feuerfalter

Blauschillernder Feuerfalter

Lilagold-Feuerfalter

Dukatenfalter

Violetter Feuerfalter

Brauner Feuerfalter

Feuerfalter *Lycaenidae*

1. Kleiner Feuerfalter
Lycaena phlaeas

Die Vorderflügel sind auf Oberseite orangerot mit breitem dunkelbraunem Saum am Außenrand und großen schwarzen Flecken. Hinterflügel oberseits braun mit orangeroter Binde und je einer Spitze am Hinterrand. Unterseits graubraun mit undeutlichen, schwarzen Flecken und rötlichoranger Fleckenbinde am Außenrand. Vorderflügelunterseite ähnlich wie Oberseite, aber mit grauem Randsaum. Spannweite bis 3 cm. Flugzeit: in zwei bis drei Generationen von Mitte April bis Ende Oktober an Wegrändern und offenen Stellen auf Magerrasen, Ruderal- und Brachflächen und Sandgebieten. Raupe ganzjährig an Ampferarten.

Flugzeit	J	F	M	A	M	J	J	A	S	O	N	D
Raupen	J	F	M	A	M	J	J	A	S	O	N	D

1

1

1

2. Blauschillernder Feuerfalter
Lycaena helle

Kleinster der Feuerfalter. Männchen auf der gesamten Flügeloberseite mit blauviolettfarbenem Schiller und dunkelbraunen und orangen Flecken. Weibchen nur mit einzelnen blau schillernden Bereichen an der Vorderflügeloberseite und einer blauen Fleckenreihe an den Flügelrändern. Die orangen Flügelunterseiten tragen schwarze, weiß gerandete Flecken und eine rötlichorange Fleckenreihe an den Rändern. Spannweite bis 2,5 cm. Flugzeit: in einer Generation von Mitte Mai bis Mitte Juli in Quellfluren, moorigen Feuchtwiesen, aufgelassenen Torfstichen in Gehölznähe. Raupe von Juli bis August an Schlangenknöterich. Sehr selten, vom Aussterben bedroht. RL 1.

Flugzeit	J	F	M	A	M	J	J	A	S	O	N	D
Raupen	J	F	M	A	M	J	J	A	S	O	N	D

2

2

2

3. Violetter Feuerfalter
Lycaena alciphron

Rötlich goldene Flügeloberseiten beim Männchen mit violettem Schimmer, der bei den Weibchen fehlt. Das Männchen hat einen schmalen, dunklen Randsaum, der beim Weibchen breiter ist. Dunkle Flecken verstreut auf den Flügeloberseiten finden sich bei beiden Geschlechtern, wobei das Männchen auf den Hinterflügeloberseiten nur kleine Flecken und einen Strich zeigt. Vorderflügelunterseiten orange mit schwarzen Flecken, Hinterflügelunterseiten grau mit oranger Randbinde und schwarzen Flecken. Spannweite bis 3,8 cm. Flugzeit: in einer Generation von Ende April bis Juli auf Magerrasen, Bergwiesen und mäßig feuchten Weiden, Sandmagerrasen und Ruderalflächen. Raupe von Juli bis Mai an Sauerampferarten. RL 2.

Flugzeit	J	F	M	A	M	J	J	A	S	O	N	D
Raupen	J	F	M	A	M	J	J	A	S	O	N	D

3

3

3

4. Brauner Feuerfalter, Schwefelvögelchen
Lycaena tityrus

Männchen dieses sehr variablen Falters sind auf der Oberseite dunkelbraun mit orangeroten Halbmöndchen am Saum. Weibchen hauptsächlich auf den Vorderflügeln orangefarben mit dunkelbraunen Fleckenreihen. Hinterflügeloberseite dunkelbraun mit orangeroten Halbmöndchen am Rand. Unterseite der Hinterflügel bei beiden Geschlechtern schwefelgelb mit schwarzen Flecken und oranger Fleckenreihe am Rand. Vorderflügelunterseite beim Weibchen orange mit schwarzen Flecken. Spannweite bis 3 cm. Flugzeit: in zwei Generationen von Anfang Juni bis Juli und von Mitte August bis April des Folgejahres auf mageren, leicht feuchten oder auch trockenen Wiesen, Streuwiesen, Dämmen, Waldrändern und Sandmagerrasen. Raupen von Juni bis April des Folgejahres an Großem und auch an Kleinem Sauerampfer.

Flugzeit	J	F	M	A	M	J	J	A	S	O	N	D
Raupen	J	F	M	A	M	J	J	A	S	O	N	D

5. Lilagold-Feuerfalter
Lycaena hippothoe euridice

Männchen rotorange glänzend mit schwarzen Säumen und blauviolettem Schimmer an den Flügelrändern. Hinterflügeloberseite beim Weibchen dunkelbraun und am Rand mit orangeroter Binde. Spannweite bis 3 cm. Flugzeit: in einer Generation von Ende Mai bis Mitte September auf nährstoffreichen Sumpfwiesen und am Rand von Hochmooren, aber auch in blütenreichen feuchten Wiesen. Raupe von Juli bis Mai des Folgejahres bevorzugt an Großem und auch an Kleinem Sauerampfer. Selten. RL 2.

Flugzeit	J	F	M	A	M	J	J	A	S	O	N	D
Raupen	J	F	M	A	M	J	J	A	S	O	N	D

4

4

5

5

6. Dukatenfalter
Lycaena virgaurea

Das Männchen mit leuchtend rotgoldener Oberseite und schwarzem Randsaum ohne schwarze Flecken. Oberseite beim Weibchen dunkler mit schwarzen Fleckenreihen. Unterseite hell olivbraun mit schwarzen und weißen Flecken. Spannweite bis 3,5 cm. Flugzeit: in einer Generation von Mitte Juni bis Mitte September in den Alpen und Mittelgebirgen in trockenen, mageren Gebieten mit blütenreichen Wiesen. Raupe überwintert in der Eihülle und lebt im Folgejahr bis Juni an Großem und Kleinem Sauerampfer. Selten. RL 3.

Flugzeit	J	F	M	A	M	J	J	A	S	O	N	D
Raupen	J	F	M	A	M	J	J	A	S	O	N	D

6

6

6

Zipfelfalter *Lycaenidae*

1. Blauer Eichenzipfelfalter
Favonius quercus

Oberseite der Flügel violettblau mit dunklem Saum beim Männchen. Weibchen dunkel, nur mit zwei violettblauen Flecken im Innenbereich der Vorderflügel. Flügelunterseite grau mit einer weiß-schwarzen Querlinie und zwei orangen Flecken im Bereich des Schwänzchens. Spannweite bis 3,5 cm. Flugzeit: in einer Generation von Ende Juni bis Anfang September in Mischwäldern mit Eichenanteilen. Der Falter hält sich meist im Kronenbereich der Bäume auf. Raupe von April bis Juni an Eichenarten.

Flugzeit	J	F	M	A	M	J	J	A	S	O	N	D
Raupen	J	F	M	A	M	J	J	A	S	O	N	D

1

1

1

2. Nierenfleck
Thecla betulae

Größter europäischer Zipfelfalter mit orangebrauner Färbung auf der Flügelunterseite, beim Männchen ins Gelbliche gehend. Keilartige Flecken werden von schwarz-weißen Linien begrenzt. Beim Männchen ist die Flügeloberseite dunkelbraun mit 2 orangefarbenen Flecken auf den Vorderflügeln, die beim Weibchen wesentlich größer sind. Spannweite bis 4 cm. Flugzeit: in einer Generation von Anfang Juli bis Mitte Oktober in lichten Laubwäldern und gebüschreichem Gelände, an Hecken und in Gärten. Raupe von April bis Mitte Juli an Schlehe, Pflaume, Kirsche und verschiedenen Laubbaumarten.

Flugzeit	J	F	M	A	M	J	J	A	S	O	N	D
Raupen	J	F	M	A	M	J	J	A	S	O	N	D

3. Grüner Zipfelfalter
Callophrys rubi

Bei uns unverwechselbar durch seine smaragdgrüne Färbung auf der Flügelunterseite. Die Flügeloberseite ist beim Männchen heller, beim Weibchen dunkler braun. Auf der Flügelunterseite befindet sich eine weiße gestrichelte Linie und ein rotbrauner bis goldgelber Flügelrand. Spannweite bis 3 cm. Flugzeit: in einer Generation von Ende März bis Ende August in lichten Wäldern, trockenem, buschreichen Gelände, Heiden und Moorrändern. Die Raupe entwickelt sich von Mitte März bis Mitte August an verschiedenen Futterpflanzen wie Rauschbeere, Heidekraut, Ginsterarten, Hartriegel u. vielen weiteren Pflanzenarten.

Flugzeit	J	F	M	A	M	J	J	A	S	O	N	D
Raupen	J	F	M	A	M	J	J	A	S	O	N	D

2

2

2

3

4. Kreuzdornzipfelfalter
Satyrium spini

Orangefarbene, halbmondförmige Binde mit angelagerten schwarzen Punkten und einem großen blaugrauen Fleck an der Spitze der Hinterflügelunterseite unter dem Zipfelfortsatz. Spannweite bis 2,8 cm. Flugzeit: in einer Generation von Ende Mai bis Anfang August in trockenwarmen, strauchbestandenen Gebieten, an Waldrändern und -lichtungen. Raupe von April bis Anfang Juni an verschiedenen Kreuzdornarten.

Flugzeit	J	F	M	A	M	J	J	A	S	O	N	D
Raupen	J	F	M	A	M	J	J	A	S	O	N	D

5. Kleiner Schlehen-Zipfelfalter
Satyrium acaciae

Der oberseits dunkelbraune Falter hat auf den graubraunen Flügelunterseiten eine, mehr oder weniger gut sichtbare, unterbrochene, weiße Querlinie und eine orangefarbene, schwarz gerandete Reihe von halbmondförmigen Flecken am Hinterflügelaußenrand. Auffällig ist auch noch ein schwarzes Haarbüschel an der Hinterflügelspitze beim Weibchen. Spannweite bis zu 2,9 cm. Flugzeit: in einer Generation von Juni bis Anfang August. Die Raupe lebt von Mitte April bis Juni nur an Schlehe in warmen, trockenen Lebensräumen wie Trockenrasenhängen mit Schlehengebüsch und Hecken, aber auch in lichten warmen Laubwäldern. RL V.

Flugzeit	J	F	M	A	M	J	J	A	S	O	N	D
Raupen	J	F	M	A	M	J	J	A	S	O	N	D

4

4

4

5

6. Pflaumenzipfelfalter
Satyrium pruni

Eine orangefarbene Binde mit angelagerten schwarzen Punkten auf der Hinterflügelunterseite und ein blauer Fleck an der Flügelspitze unter dem beim Weibchen ausgeprägteren Zipfel charakterisieren den Falter. Die dunkelbraunen Flügeoberseiten weisen eine orange Randbinde an den Hinterflügeln auf. Spannweite bis 2,8 cm. Flugzeit: in einer Generation ab Anfang Juni bis Ende Juli an besonnten Waldrändern, auf Trockenrasen, Streuobstwiesen, Hecken und auch Gärten. Raupe von April bis Juni an Schlehe und vereinzelt auch anderen Prunus-Arten.

Flugzeit	J	F	M	A	M	J	J	A	S	O	N	D
Raupen	J	F	M	A	M	J	J	A	S	O	N	D

7. Brauner Eichen-Zipfelfalter
Satyrium ilicis

Die weiße Linie auf den Flügelunterseiten ist sichtbar unterbrochen. Die rotorangen Mondflecken sind ähnlich wie bei *S. acaciae*, der Falter jedoch ist deutlich größer. Die dunkelbraunen Flügeloberseiten zeigen beim Weibchen auf den Vorderflügeln größere orange Flecken. Spannweite bis zu ca. 3,2 cm. Flugzeit: in einer Generation von Juni bis Mitte August. Die Raupe ist von April bis Mitte Juni an jungen Eichentrieben und Knospen auf Lichtungen und an Rändern von Eichenwäldern, in Eichenjungwuchs und Aufforstungen und auch Kiesgruben zu finden. RL 2.

Flugzeit	J	F	M	A	M	J	J	A	S	O	N	D
Raupen	J	F	M	A	M	J	J	A	S	O	N	D

6

7

Bestimmungshilfe für Zipfelfalter durch Flügelvergleich

Pflaumenzipfelfalter

Brauner Eichen-Zipfelfalter

Blauer Eichen-Zipfelfalter

Grüner Zipfelfalter

Akazienzipfelfalter

Ulmen-Zipfelfalter

Kleiner Schlehen-Zipfelfalter

Kreuzdorn-Zipfelfalter

Nierenfleck

8. Schlüsselblumen-Würfelfalter
Hamearis lucina

Die Oberseite der Vorderflügel ist dunkelbraun mit einem gelben Fleckenmuster, während die Hinterflügel, bis auf die gelbe Fleckenreihe am Saum, durchgehend dunkelbraun sind. Die Unterseiten der Hinterflügel zeigen ein gelbbraunes Muster mit je zwei auffälligen Querbinden aus weißen Flecken. Spannweite bis 3,4 cm. Flugzeit: in einer bis manchmal zwei Generationen von Mitte April bis Juni und von August bis September. Der Falter ist auf Trockenrasen, an Waldrändern und Waldlichtungen sowie Feucht- und Moorwiesen zu finden. Die Raupe lebt von April bis Anfang Juni und evtl. von Juli bis September ausschließlich an Schlüsselblumenarten. Nicht ganz klar ist die Einordnung des Falters. Früher war er einer eigenen Familie, den *Riodinidae* zugeordnet, heute wird er als Verwandter der Bläulinge angesehen. RL 3.

Flugzeit	J	F	M	A	M	J	J	A	S	O	N	D
Raupen	J	F	M	A	M	J	J	A	S	O	N	D

8

8

8

Bärenspinner *Noctuidae/Arctiinae*

1. Rotkragen-Flechtenbärchen
Atolmis rubricollis

Anthrazitfarben mit orangerotem Kragen am Halsansatz. Ende des Hinterleibes ebenso gefärbt. Spannweite bis 3,5 cm. Flugzeit: in einer Generation von Mai bis Ende Juli in Mischwäldern, bevorzugt als eine der wenigen Schmetterlingsarten auch Nadelwälder. Raupe von Mitte Juli bis Mitte Oktober an Flechtenarten wie der Gelbflechte. RL G.

Flugzeit	J	F	M	A	M	J	J	A	S	O	N	D
Raupen	J	F	M	A	M	J	J	A	S	O	N	D

2. Rotrandbär
Diacrisia sannio

Männchen und Weibchen unterscheiden sich. Die gelben Vorderflügel sind beim Männchen mit einem roten Rand begrenzt und tragen je einen roten und einen dunklen Fleck. Die Weibchen sind gelbbraun mit orangebraunen Flügeladern und Fleckenzeichnung. Die Hinterflügel zeigen ein schwarzes Muster auf braunem Untergrund. Spannweite bis 4,3 cm. Flugzeit: in ein bis zwei Generationen Mai bis August auf Waldlichtungen, in feuchten Wiesen, Niedermoor- und Bergwiesen und auch auf Trockenrasen. Raupe von Juli bis Mai des Folgejahres an Brennnessel, Labkraut, Wegerich, Taubnessel und anderen.

Flugzeit	J	F	M	A	M	J	J	A	S	O	N	D
Raupen	J	F	M	A	M	J	J	A	S	O	N	D

1

2

2

2

3. Zimtbär
Phragmatobia fuliginosa

Die zimtbraune Farbe der Vorderflügel gibt dem Falter den Namen. Hinterflügel karminrot mit schwarzen Flecken. Fühler weiß. Spannweite bis 3,5 cm. Flugzeit: in zwei bis drei Generationen von Mitte April bis Oktober an Waldrändern, in Gärten, Streuobstwiesen und auch Feuchtwiesen. Raupen ganzjährig an Brennnessel, Löwenzahn und auch Sträuchern wie Brombeere, Schlehe und anderen anzutreffen.

Flugzeit	J	F	M	A	M	J	J	A	S	O	N	D
Raupen	J	F	M	A	M	J	J	A	S	O	N	D

4. Rosen-Flechtenbärchen
Miltochrista miniata

Vorderflügel mit gelber Grundfärbung und rosarotem Saum am Außenrand der Flügel, charakteristische schwarze Wellenlinien und Fleckenreihe auf der Oberseite der Vorderflügel. Spannweite bis 3 cm. Flugzeit: in einer Generation von Juni bis September in Wäldern, Feldgehölzen und Hecken. Raupe von Mitte August bis Anfang Juni des Folgejahres an Gelbflechte und anderen Flechtenarten.

Flugzeit	J	F	M	A	M	J	J	A	S	O	N	D
Raupen	J	F	M	A	M	J	J	A	S	O	N	D

3

3

3

4

5. Wegerichbär
Parasemia plantaginis

Vorderflügel mit weißer bis gelblicher Zeichnung aus Streifen und Flecken auf schwarzem Grund. Hinterflügel sind beim Weibchen rot und beim Männchen gelbbraun mit schwarzem Flecken gezeichnet. Weibchen und Männchen unterscheiden sich auch durch die Farbe der Beine, die beim Weibchen schwarz und beim Männchen weiß sind. Spannweite bis 4 cm. Flugzeit: in einer Generation von Mitte Mai bis Anfang August auf Bergmatten, in Feuchtwiesen und Waldlichtungen. Raupe von August bis Anfang Mai des Folgejahres an verschiedenen Pflanzen wie Spitzwegerich, Löwenzahn und anderen. Deutlich im Rückgang begriffen. RL V.

Flugzeit	J	F	M	A	M	J	J	A	S	O	N	D
Raupen	J	F	M	A	M	J	J	A	S	O	N	D

6. Brauner Bär
Arctia caja

Vorderflügel mit weißem, netzartigem Muster auf dunkelbraunem Grund. Hinterflügeloberseite hellrot mit stahlblau glänzenden, runden Flecken. Vorderleib braun behaart, Hinterleib rot. Spannweite bis 7 cm. Flugzeit: in einer Generation Mitte Juni bis August in lichten Wäldern, in Fluss- und Bachtälern, Gärten. Raupe von Mitte August bis Juni des Folgejahres an Himbeere, Heidelbeere, Salweide, Brennnessel und anderen. Weit verbreitet, aber im Bestand abnehmend. RL V.

Flugzeit	J	F	M	A	M	J	J	A	S	O	N	D
Raupen	J	F	M	A	M	J	J	A	S	O	N	D

5

5

6

6

7. Schwarzer Bär
Arctia villica

Vorderflügeloberseite mit weißem Fleckenmuster auf schwarzem Grund. Hinterflügeloberseite mit je einem großen, schwarzen Fleck am Hinterflügelaußenrand und kleinen schwarzen Flecken auf gelbem Grund. Spannweite bis 6 cm. Flugzeit: in einer Generation von Mitte Mai bis Mitte Juli auf warmen Trockenrasen und sonnigen Hängen. Raupe von Juli bis Mitte Mai des Folgejahres an Taubnessel, Brombeere, Löwenzahn und anderen. Sehr selten. RL 1.

Flugzeit	J	F	M	A	M	J	J	A	S	O	N	D
Raupen	J	F	M	A	M	J	J	A	S	O	N	D

8. Elfenbein-Flechtenbärchen
Cybosia mesomella

Vorderflügel hellgelb oder fast weiß mit einem gelben Außenrand, gelben Kopf und Fühlern und je zwei schwarzen Punkten auf den Vorderflügeln. Spannweite bis über 3 cm. Flugzeit: in einer Generation von Mitte Mai bis Anfang August in Wäldern, auf Lichtungen und an Waldrändern. Raupe von August bis Mai des Folgejahres an Flechtenarten wie der häufigen Gelbflechte.

Flugzeit	J	F	M	A	M	J	J	A	S	O	N	D
Raupen	J	F	M	A	M	J	J	A	S	O	N	D

7

7

Schwarzer Bär aus dem Mittelmeerraum

7

8

9. Weiße Tigermotte, Breitflügeliger Fleckleibbär
Spilosoma lubricipeda

Die Flügel sind weiß gefärbt und mit mehr oder weniger unregelmäßig angeordneten, schwarzen Punkten auf der Oberseite der Vorderflügel versehen. Die Hinterflügel zeigen unterschiedlich viele Punkte, unterscheiden sich aber dadurch, mit wenigen ungepunkteten Ausnahmen, von der Schwesterart *S. urticae*, der die Flecken auf den Hinterflügeln völlig fehlen. Allerdings ist eine Unterscheidung im Freiland mehr als schwierig und selbst für Spezialisten oft nicht möglich. Spannweite bis über 4,4 cm. Flugzeit: in einer bis zwei Generation von Mai bis spätestens Anfang September in lichten Wäldern, trockenen und feuchten Wiesen und auch Gärten. Raupe von Juli bis Oktober an Großer Brennnessel, Löwenzahn, Natternkopf und anderen Pflanzenarten.

Flugzeit	J	F	M	A	M	J	J	A	S	O	N	D
Raupen	J	F	M	A	M	J	J	A	S	O	N	D

10. Gelber Fleckleibbär
Spilarctia lutea

Der Falter ähnelt der vorangegangenen Art, ist jedoch eher gelblich. Wobei die Weibchen etwas heller, oft fast weiß, sein können. Die schwarzen Flecken sind unterschiedlich groß und bilden eine Reihe quer über die Vorderflügel. Spannweite bis 4 cm. Flugzeit: in ein bis zwei Generationen von Mai bis Anfang August in Auwäldern, an Waldrändern, in Gärten und Parks. Raupe von Juli bis Mai des Folgejahres an Brennnesseln, Kohldistel, Waldrebe und anderen.

Flugzeit	J	F	M	A	M	J	J	A	S	O	N	D
Raupen	J	F	M	A	M	J	J	A	S	O	N	D

9

10

11. Russischer Bär
Callimorpha quadripunctaria

Vorderflügel schwarz mit weißgelben Querstreifen an der Spitze der Flügel in Form eines „V“. Hinterflügel mit schwarzen Flecken auf roter Grundfarbe. Die Art ist mit keiner anderen verwechselbar. Spannweite bis 6 cm. Flugzeit: in einer Generation von Juli bis September auf gebüschreichen Trockenrasen und an Waldrändern in warmen Gebieten Süddeutschlands, häufig beim Saugen an Wasserdost zu beobachten. Raupe von September bis Juni des Folgejahres an verschiedenen Kräutern wie Großer Brennnessel, Wiesensalbei, Natternkopf, Brombeere und anderen. RL V.

Flugzeit	J	F	M	A	M	J	J	A	S	O	N	D
Raupen	J	F	M	A	M	J	J	A	S	O	N	D

12. Schönbär
Callimorpha dominula

Vorderflügeloberseite mit kleineren und größeren rundlichen, weißen und hellgelben Flecken auf schwarzem, blaugrün schillerndem Grund. Rote Hinterflügel mit schwarzen Flecken. Hinterleib rot mit einem mittig verlaufenden Längsstrich. Spannweite bis 5 cm. Flugzeit: in einer Generation von Mai bis Mitte August an kühleren und feuchten Standorten wie Wäldern, Bachtälern und Feuchtwiesen, wo der Falter gerne die Blüten des Wasserdostes aufsucht. Raupe von August bis Mai des Folgejahres an Gehölzen und Stauden wie Heckenkirsche, Himbeere, Weiden, Mädesüß, Großer Brennnessel und anderen.

Flugzeit	J	F	M	A	M	J	J	A	S	O	N	D
Raupen	J	F	M	A	M	J	J	A	S	O	N	D

11

11

12

12

13. Jakobskrautbär
Tyria jacobaea

Grundfarbe der Vorderflügel schwarzgrau mit roten Streifen und je zwei roten Punkten am äußeren Flügelrand. Hinterflügel rot mit schwarzem Randsaum. Hinterleib schwarz. Spannweite bis 4,2 cm. Flugzeit: in einer Generation Mai bis August auf Trockenrasen, Streuwiesen und an Flussufern in den Alpen. Raupe von Juni bis September an Jakobsgreiskraut, Huflattich und Pestwurzarten. Bestand rückgängig. RL V.

Flugzeit	J	F	M	A	M	J	J	A	S	O	N	D
Raupen	J	F	M	A	M	J	J	A	S	O	N	D

14. Augsburger Bär
Pericallia matronula

Die Vorderflügel sind dunkelbraun mit weißlich-gelben Flecken am Vorderrand. Die Hinterflügel sind gelb gefärbt und tragen schwarze Flecken, ebenso wie der rote Hinterleib eine schwarze Fleckenreihe zeigt. Spannweite bis zu 8 cm. Flugzeit: in einer Generation von Mai bis Juli. Die Raupen leben ganzjährig von August bis Mai des übernächsten Jahres an verschiedenen Pflanzen und Sträuchern wie Löwenzahn, Himbeere, Heckenkirsche und anderen und brauchen 2 Jahre für Ihre Entwicklung. Die Falter leben in trocken-warmen Steilhängen, mit Gebüsch, Waldsäumen und offenen, vegetationsfreien Bereichen. Die sehr attraktive Art ist mit wenigen Fundstellen in der Schwäbischen Alb und in Südostbayern eine der seltensten in Deutschland. RL 1.

Flugzeit	J	F	M	A	M	J	J	A	S	O	N	D
Raupen	J	F	M	A	M	J	J	A	S	O	N	D

13

13

14

14

Schwärmer *Sphingidae*

1. Hummelschwärmer
Hemaris fuciformis

Beide Flügelpaare sind bis auf den Saum und die Äderung schuppenfrei, glasartig durchsichtig, mit einem rotbraunen, beschuppten Rand an den Außenseiten. Körper stark pelzartig behaart mit einem rotbraunen Ring und gelblichweißen Haarbüscheln am Außenrand des Hinterleibs. Spannweite bis 4,5 cm. Flugzeit: in 2 Generationen von Mai bis August. Tagaktiver, blütenbesuchender Nachtfalter. Raupe von Juni bis September an Roter und anderen Heckenkirschenarten an Waldrändern, Lichtungen, in Parkanlagen und Gärten. RL 3.

Flugzeit	J	F	M	A	M	J	J	A	S	O	N	D
Raupen	J	F	M	A	M	J	J	A	S	O	N	D

2. Lindenschwärmer
Mimas tiliae

Dunkle, scharf abgegrenzte Doppelflecken auf der Vorderflügeloberseite, variabel in der Färbung von bräunlichen roten, rosa bis Oliv- und Grüntönen. Außenränder der Vorderflügel stark eingebuchtet. In der Regel je zwei auffällig dunklere Flecken in der Mitte. Spannweite bis 7,5 cm. Rüssel verkümmert und nicht zur Nahrungsaufnahme fähig. Flugzeit: in einer Generation von Mitte April bis Ende Juli in Wäldern, an Lichtungen, Gärten und Parks, Lindenalleen und Waldrändern. Raupe von Juni bis Ende August an Linden und auch anderen Laubgehölzen.

Flugzeit	J	F	M	A	M	J	J	A	S	O	N	D
Raupen	J	F	M	A	M	J	J	A	S	O	N	D

1

1

2

2

3. Pappelschwärmer
Lathoe populi

Außenrand des Vorderflügels stark gewellt. Flügeläderung orangegelb hervortretend. Vorderflügel hellgrau bis braun mit dunklen, gewellten Querbinden. Hinterflügel mit je einem orangen bis rostbraunen Fleck. In Ruhestellung überragen die Hinterflügel die Vorderflügel. Rüssel verkümmert und nicht zur Nahrungsaufnahme fähig. Spannweite bis 9 cm. Flugzeit: in einer Generation von April bis August in Mischwäldern, Auen, Parks und Gärten mit Pappeln. Raupe von Juni bis September an Pappelarten, auch an Weiden.

Flugzeit	J	F	M	A	M	J	J	A	S	O	N	D
Raupen	J	F	M	A	M	J	J	A	S	O	N	D

4. Abendpfauenauge
Smerinthus ocellata

Außenrand des Vorderflügels ausgebuchtet mit nur einem geraden Ausschnitt nahe dem inneren Winkel. Bräunlichgraue Grundfärbung mit brauner Flecken und Wellenzeichnung. Hinterflügel mit blaugrauen Augenflecken, schwarz umrandet auf rosarot ins gelbliche überlaufender Grundfärbung. Augenzeichnung dient zur Feindabwehr (s. S. 39). Spannweite bis 8 cm. Flugzeit: in einer Generation von Mai bis August in Wäldern, Auen, Parks und auch in Gärten. Raupe von Juni bis September an Weide Pappeln, Schlehen und Obstbäumen.

Flugzeit	J	F	M	A	M	J	J	A	S	O	N	D
Raupen	J	F	M	A	M	J	J	A	S	O	N	D

3

3

4

4

5. Totenkopfschwärmer
Acherontia atropos

Mit bis über 13 cm Spannweite größter in Deutschland heimischer Falter. Am Rücken hinter dem Kopf die namengebende Totenkopfzeichnung. Bräunlichgraue Grundfärbung mit hellen, weißen und braunen Flecken und wellenförmigen Querlinien. Hinterflügel gelb mit 2 dunklen Querstreifen, Hinterleib dunkelbraun mit gelber Fleckenzeichnung. Flugzeit: in einer Generation von Ende Mai bis Oktober. Die Raupe kann man im offenen Kulturland von Juli bis Ende September in verschiedenen Farbvarianten von Gelb über Grün bis Braun an Nachtschattengewächsen wie Kartoffel, Tollkirsche und auch vielen anderen Pflanzen wie Liguster oder Flieder finden. Siehe auch S. 16 („Langstreckenflieger und Feinschmecker mit einer Vorliebe für Honig“).

Flugzeit	J	F	M	A	M	J	J	A	S	O	N	D
Raupen	J	F	M	A	M	J	J	A	S	O	N	D

6. Kiefernschwärmer
Hyloicus pinastri

Hinterleib oberseits mit dunkler Längslinie und seitlich schwarzen Flecken, Vorderflügel hellbraun bis bräunlichgrau mit je drei dunklen Längsstrichen. Gezackte, dunkle Linie an den Vorderflügelspitzen. Brustabschnitt durch zwei dunkle Längsstreifen begrenzt. Spannweite bis 8 cm. Flugzeit: in einer Generation von April bis Ende August in Nadel- und Mischwäldern, Gärten und Parks. Raupe von Juni bis Oktober als eine der wenigen Falterarten an Nadelhölzern wie Fichte und Waldkiefer.

Flugzeit	J	F	M	A	M	J	J	A	S	O	N	D
Raupen	J	F	M	A	M	J	J	A	S	O	N	D

5

5

6

6

7. Windenschwärmer
Agrius convolvuli

Hinterleib oberseits rosa und schwarz gebändert. Bräunlichgraue Vorderflügeloberseite mit dunklen, schmalen Strichen und Zackenlinien. Hinterflügel mit dunklen wellenförmigen Querlinien. Rücken mit einer einem Schlangenkopf ähnlichen Zeichnung. Spannweite bis zu 13 cm. Flugzeit: bei uns in einer Generation von Mai bis Oktober. Raupe von Juli bis September an Windenarten. Der Wanderfalter aus dem südlichen Mittelmeerraum und Afrika kann mit seinem mehr als 10 cm langen Rüssel Blüten besuchen, die anderen Faltern verwehrt sind, wie Tabak, Stechapfel oder andere Exoten im Garten. Die Puppe ist als einzige unverwechselbar durch die lange abstehende Rüsselhülle.

Flugzeit	J	F	M	A	M	J	J	A	S	O	N	D
Raupen	J	F	M	A	M	J	J	A	S	O	N	D

8. Ligusterschwärmer
Sphinx ligustri

Hinterleib rosa und schwarz gebändert. Vorderflügel hellbraun mit dunkelbrauner Binde von der Flügelbasis zur Flügelspitze und schwarzen schmalen Längslinien. Hinterflügel ebenso wie Hinterleib rosa mit schwarzen Querbändern. Spannweite bis 12 cm. Flugzeit: in einer Generation von Mai bis August an Waldrändern und auch in Gärten und Parks mit Ligusterhecken. Raupe von Juli bis September an Liguster, Esche und Flieder.

Flugzeit	J	F	M	A	M	J	J	A	S	O	N	D
Raupen	J	F	M	A	M	J	J	A	S	O	N	D

7

7

8

8

9. Kleiner Weinschwärmer
Deilephila porcellus

Mit bis 4,5 cm Spannweite kleiner als der Mittlere Weinschwärmer. Grundfarbe der Vorderflügel olivbraun mit gezackter weinroter bis rosafarbener Umrandung und gewelltem Flügelaußenrand. Flugzeit: in einer, manchmal zwei Generationen von Ende April bis Ende August auf Trockenrasen, Ruderalflächen, Dämmen und in Steinbrüchen. Raupe von Mai bis Anfang Oktober an Labkrautarten und Weidenröschen.

Flugzeit	J	F	M	A	M	J	J	A	S	O	N	D
Raupen	J	F	M	A	M	J	J	A	S	O	N	D

10. Mittlerer Weinschwärmer
Deilephila elpenor

Vorderflügel olivbraun mit je drei weinroten, übereinander angeordneten Längsstreifen. Körper mit rosa Binden. Hinterflügel rosa mit schwarzem Band. Hinterleib mit olivgrünen Längsbändern und einer roten Mittellinie. Spannweite bis 6 cm. Flugzeit: in einer, manchmal zwei Generationen, von Mai bis August. Falter ist nachtaktiv und in lichten Wäldern, Parks, Gärten und an Berghängen zu beobachten. Raupe grün oder braun gefärbt, mit auffälligen Augenflecken hinter dem Kopf, lebt von Juni bis Anfang Oktober an Schmalblättrigem Weidenröschen, Blutweiderich und Indischem Springkraut, im Garten oft an Fuchsien.

Flugzeit	J	F	M	A	M	J	J	A	S	O	N	D
Raupen	J	F	M	A	M	J	J	A	S	O	N	D

9

9

10

10

11. Taubenschwänzchen
Macroglossum stellatarum

Körper grau behaart, Vorderflügel hell bräunlichgrau mit dunkler Querbänderung. Hinterflügel orangegelb. Fransenartig abstehende, schwarzweiße Behaarung am Hinterleib, in einer pinselartigen Ausstülpung endend. Spannweite bis 5 cm. Flugzeit: in einer Generation von Juni bis Ende September an warmen Plätzen wie Trockenrasen, Waldrändern und oft auch in Gärten, sogar an Geranien auf Balkonen saugend zu beobachten. Wanderfalter aus dem Süden, der aufgrund seines Schwirrfluges und seiner häufigen Blütenbesuche am Tag oft mit Kolibris verwechselt wird und überall auftauchen kann. Kann sich in warmen Jahren bei uns fortpflanzen und überwintern. Raupe von Juni bis September an Labkrautarten.

Flugzeit	J	F	M	A	M	J	J	A	S	O	N	D
Raupen	J	F	M	A	M	J	J	A	S	O	N	D

12. Wolfsmilchschwärmer
Hyles euphorbiae

Vorderflügel hellgelbbraun mit dunkler grünlichbrauner Fleckenzeichnung und Längsband. Hinterflügel rot bis rosa, nach außen begrenzt von einem schmalen schwarzen Band und hellem Randsaum. Hinterleib grünlichbraun mit schwarz-weißen Flecken an den Rändern. Spannweite bis 7,5 cm. Flugzeit: in einer bis zwei Generationen von Mai bis Ende August auf Trockenrasen und an Dämmen, Hängen und Böschungen, wärmeliebend. Raupe von Juni bis Ende September an Zypressenwolfsmilch, sehr auffällig in den Warnfarben Rot und Schwarz.

Flugzeit	J	F	M	A	M	J	J	A	S	O	N	D
Raupen	J	F	M	A	M	J	J	A	S	O	N	D

11

11

12

12

13. Labkrautschwärmer
Hyles galii

Vorderflügel durchgehend dunkel, olivbraun mit gelbweißer, schmaler, keilförmiger Längsbinde mit zwei nach oben ragenden Zacken und einem etwas helleren bräunlichgrünen Hinterrandsaum. Hinterleib bräunlichgrün mit seitlichen weißen Flecken. Hinterflügel ähnlich gefärbt wie beim Wolfsmilchschwärmer. Spannweite bis 8 cm. Flugzeit: in einer bis zwei Generationen von Mai bis September auf Wiesen, Trockenrasen, an Waldrändern und auch in Gärten. Raupe von Juni bis September an Labkrautarten und Schmalblättrigem Weidenröschen.

Flugzeit	J	F	M	A	M	J	J	A	S	O	N	D
Raupen	J	F	M	A	M	J	J	A	S	O	N	D

14. Nachtkerzenschwärmer
Proserpina proserpinus

Der eher kleine Vertreter der Schwärmer hat eine dunkelgrüne Querbinde über die Mitte der Vorderflügel und darin je einen hell umrandeten schwarzen Fleck. An der Spitze der Vorderflügel befindet sich eine helle Zeichnung in Form einer Pfeilspitze. Der Außenrand von Vorder- und Hinterflügel ist am Hinterrand gezackt. Die Hinterflügel sind gelb und haben einen schwarz-weißen Saum am Außenrand. Flügelspannweite bis zu 4,5 cm. Flugzeit: in einer Generation von Ende April bis Juli. Die Raupe lebt von Juni bis August an Weidenröschen und Nachtkerzen. Der Falter bevorzugt wärmere Lebensräume in Kiesgruben, Steinbrüchen, an Ufern von Gewässern, Brachflächen, Waldrändern und auch Gärten. RL V.

Flugzeit	J	F	M	A	M	J	J	A	S	O	N	D
Raupen	J	F	M	A	M	J	J	A	S	O	N	D

13

13

14

14

Eulenspinner *Drepanidae/Thyatirinae*

1. Achatspinner
Habrosyne pyritoides

Vorderflügel mit sehr markantem Muster aus weiß umrandeter, rötlich-brauner, doppelter, quer verlaufender schlangenlinienförmiger Wellenlinie sowie zwei braune Nierenmakel. Insgesamt gliedert sich der Vorderflügel in ein weiß umrandetes Dreieck, welches einen rotbraunen Fleck umfängt und ein graubraunes, weiß umrandetes Dreieck im vorderen Bereich. Die Hinterflügel sind hell graubraun. Spannweite bis zu 4 cm. Flugzeit: in ein bis zwei Generationen von Anfang Mai bis Ende August an Waldrändern, -lichtungen mit Brombeerbewuchs, Hängen, Dämmen und Böschungen, auch in Gärten und Parks. Raupe von Juli bis September an Brombeere und Himbeere.

Flugzeit	J	F	M	A	M	J	J	A	S	O	N	D
Raupen	J	F	M	A	M	J	J	A	S	O	N	D

2. Augen-Eulenspinner
Tethea ocularis

Die Vorderflügel sind braungrau, mit einem durch doppelte, schwarze Querlinien begrenzten, helleren Querband, in dem zwei hellgraue bis weiße Ringmakel liegen, die der Zahl 80 oder den Buchstaben „OR“ ähnlich sehen. Die Hinterflügel sind grau mit dunkleren Querbinden. Flügelspannweite bis zu 3,8 cm. Flugzeit: in zwei Generationen von Mai bis August in Laub- und Auwäldern mit Pappelbeständen. Die Raupe lebt von Juni bis September an Pappelarten, wie der Zitterpappel.

Flugzeit	J	F	M	A	M	J	J	A	S	O	N	D
Raupen	J	F	M	A	M	J	J	A	S	O	N	D

1

1

2

3. Roseneule
Thyatira batis

Die Vorderflügel sind grünlichbraun mit auffälligen großen, weiß bis hellrosa umrandeten, innen braun gefüllten Flecken. Hinterflügel hellbraun, zum unteren Rand dunkler werdend. Flügelspannweite bis 4 cm. Flugzeit: in einer bis zwei Generationen von Ende April bis Ende August an Waldrändern und -lichtungen mit Brombeerbestand, auch in Gärten und Parks. Raupe von Mitte Mai bis Mitte Oktober an Brombeere und Himbeere.

Flugzeit	J	F	M	A	M	J	J	A	S	O	N	D
Raupen	J	F	M	A	M	J	J	A	S	O	N	D

4. Zweipunkt-Eulenspinner
Ochropacha duplaris

Der Falter ist unauffällig grau mit verwischten, kaum sichtbaren Wellenlinien und Binden sowie je einem schwarzen Doppelfleck auf den Vorderflügeln. Flügelspannweite bis 3,5 cm. Flugzeit: in einer bis zwei Generationen von Mitte Mai bis Juni und von Ende Juli bis Mitte September. Die Raupe lebt von August bis Oktober zwischen Blättern versponnen. Die zweite Generation frisst von Juni bis Juli des Folgejahres an Erlen, Birken und Pappeln in feuchten Auwäldern, Bruchwäldern und Gehölzen und an Fluss- und Bachufern.

Flugzeit	J	F	M	A	M	J	J	A	S	O	N	D
Raupen	J	F	M	A	M	J	J	A	S	O	N	D

3

3

3

4

Sichelflügler *Drepanidae*

1. Heller Sichelflügler
Drepana falcataria

Die stark sichelförmig gebogenen Vorderflügel sind charakteristisch. Die Grundfarbe geht von gelblich- bis rötlichbraun mit dunkelbraunem, wellenförmigen Querlinien, einem schmalen, braunen, zur Flügelspitze laufenden Band und einem runden, dunklen Fleck. Flügelspannweite bis 3,5 cm. Flugzeit: in zwei Generationen von April bis Ende August in Laub- und Erlenbruchwäldern, Mooren mit Birkenbeständen und auch in Parks und Gärten. Raupe von Ende Mai bis September an Birke und Schwarzerle.

Flugzeit	J	F	M	A	M	J	J	A	S	O	N	D
Raupen	J	F	M	A	M	J	J	A	S	O	N	D

2. Silberspinner
Cilix glaucata

Vertreter der Sichelflügler ohne die entsprechende Flügelform. Vorderflügel weiß mit graublau glänzender Fleckenzeichnung am Saum und dunkelbraunen, ins Gelbe und Graue übergehenden Flecken in der Flügelmitte und darin silbrig schimmernde Schuppenflecken (namensgebend). Flügelspannweite bis über 2 cm. Flugzeit: in zwei bis manchmal drei Generationen von April bis September an Waldrändern, -lichtungen und Hecken, auf mit Gebüsch bestandenen Trockenrasen, auch in Gärten. Raupe von Mai bis Oktober an Weißdorn und Schlehe.

Flugzeit	J	F	M	A	M	J	J	A	S	O	N	D
Raupen	J	F	M	A	M	J	J	A	S	O	N	D

1

2

2

Spanner *Geometridae*

1. Birken-Jungfernkind
Archiearis parthenias

Vorderflügel meist mehr oder weniger graubraun und weißlich gesprenkelt mit oft nur angedeuteter weißlicher Mittelbinde, die oft nur auf weiße Vorderrandflecken reduziert ist. Hinterflügel orange mit schwarzen Binden und Saum. Sehr ähnlich dem Auen-Jungfernkind (*A. notha*). Männchen mit leicht sägezahnartigen Fühlern. Spannweite bis zu 4 cm. Flugzeit: in einer Generation schon früh im Jahr von Februar bis Ende April in lichten Wäldern mit Birken und Birkenalleen. Raupe von April bis Juni an Birken.

Flugzeit	J	F	M	A	M	J	J	A	S	O	N	D
Raupen	J	F	M	A	M	J	J	A	S	O	N	D

2. Frühlings-Kreuzflügel
Alsophila aescularia

Vorderflügel beim Männchen grau bis bräunlichgrau. Die stark gezähnten Querlinien bilden ein Querband und sind an den abgewandten Seiten weiß. Vorderflügel und Hinterflügel mit deutlichem schwarzen Mittelpunkt. Spannweite bis zu 3,5 cm. Flugzeit: in einer Generation sehr früh im Jahr ab Ende Januar bis etwa Ende April an Waldrändern, in Heckenbereichen, Gebüschen und auch Gärten. Raupe von April bis Juni an Laubhölzern wie Rosskastanie, Eiche, Schlehe, Buche und anderen.

Flugzeit	J	F	M	A	M	J	J	A	S	O	N	D
Raupen	J	F	M	A	M	J	J	A	S	O	N	D

1

2

3. Schwarzspanner
Odezia atrata

Vorderflügel und Hinterflügel völlig schwarz. Fransen an den Spitzen der Vorderflügel mehr oder weniger weiß. Spannweite bis zu 3 cm. Flugzeit: in einer Generation von Ende Mai bis August auf grasreichen Waldlichtungen und -rändern, Moorwiesen und Gewässerrändern. Raupe von März bis Mai an Kälberkropf, Wiesenkerbel oder Bärwurz.

Flugzeit	J	F	M	A	M	J	J	A	S	O	N	D
Raupen	J	F	M	A	M	J	J	A	S	O	N	D

4. Grünes Blatt
Geometra papilionaria L.

Flügel kräftig grün mit zwei gezähnten, weißlichen Querlinien und einer in weiße Flecke aufgelösten Querlinie. Letztere und innere Querlinie oft undeutlich oder teilweise fehlend. Flügelfarbe in abgeflogenem Zustand weißlichgrün oder gelblichgrau. Spannweite bis zu 5 cm. Flugzeit: in einer Generation von Juni bis August in verschiedenen Waldtypen, in Heidebereichen und auch in Parks und Gärten. Raupe von August bis Mai des Folgejahres an verschiedenen Laubhölzern, bevorzugt Birke, auch Hasel, Weide, Linde und anderen.

Flugzeit	J	F	M	A	M	J	J	A	S	O	N	D
Raupen	J	F	M	A	M	J	J	A	S	O	N	D

3

4

4

5. Gebüsch-Grünspanner
Hemithea aestivaria

Vorderflügel grün, von zwei hellen Wellenlinien quer zu je einem Drittel unterteilt. Flügelfransung abwechselnd gelblich und grau gestreift. Hinterflügel mit einer Spitze. Hinterleib braun. Spannweite bis zu 3 cm. Flugzeit: in einer Generation von Ende Mai bis Mitte August an Waldrändern, in Hecken, Gebüschen, Gärten und Parks. Raupe von August bis Mai des Folgejahres an Laubgehölzen wie Schlehe, Weißdorn, Stachelbeere, Heidelbeere und anderen.

Flugzeit	J	F	M	A	M	J	J	A	S	O	N	D
Raupen	J	F	M	A	M	J	J	A	S	O	N	D

6. Birken-Gürtelpuppenspanner
Cyclophora albipunctata

Flügelfarbe grauweiß. Innere Querlinie punktförmig, oft undeutlich. Äußere Querlinie gewellt, schwärzlich, punktförmig, deutlich hervortretend. Die deutlichen Ringflecke bräunlich gerandet. Am Saum schwärzliche Punkte. Selten kommen auch dunklere Exemplare vor. Spannweite bis zu 2,5 cm. Flugzeit: in zwei Generationen von Mitte April bis August in Wäldern, Heide- und Moorflächen mit Birken. Raupe von Juni bis September hauptsächlich an Hänge- und Moorbirke.

Flugzeit	J	F	M	A	M	J	J	A	S	O	N	D
Raupen	J	F	M	A	M	J	J	A	S	O	N	D

5

5

5

6

7. Graubinden-Labkrautspanner
Epirrhoe alternata

Vorderflügel am Flügelansatz, im Mittelbereich und am Saum grau bis bräunlich oder olivgrün gemustert, durch mehrere weiße, quer verlaufende Wellenlinien unterbrochen. Die Art unterscheidet sich von *E. rivata* durch eine geringere Größe und einem etwas breiteren weißen Band mit einer nur punktförmig angedeuteten Mittellinie darin. Spannweite bis zu 2,5 cm. Flugzeit: in zwei bis drei Generationen von April bis September an Waldrändern, Hecken, aber auch in Gärten und Parks. Raupen von Mai bis Oktober an Labkrautarten.

Flugzeit	J	F	M	A	M	J	J	A	S	O	N	D
Raupen	J	F	M	A	M	J	J	A	S	O	N	D

8. Schwarzbraunbinden-Blattspanner
Xanthorhoe montanata

Vorderflügel weiß bis hellgrau, von hellbraunen Querbändern durchzogen. Das braune Mittelband ist nach innen deutlich eingeschnürt oder sogar unterbrochen und öffnet sich unter dem Vorderrand meist zu einem Doppelband, einen weißen Fleck mit schwarzem Mittelpunkt einschließend. Am Vorderflügelaußenrand befindet sich eine weiße Wellenlinie. Hinterleib mit doppelter schwarzer Punktreihe. Spannweite bis zu 3,3 cm. Flugzeit: in einer Generation von Mai bis Anfang August in offenen Bereichen auf Lichtungen und an Rändern von Laubmisch- und Nadelwäldern bis in den Siedlungsbereich. Raupe von August bis Mai des Folgejahres an Ampferarten, Brombeere, Schlüsselblume, Labkraut und anderen.

Flugzeit	J	F	M	A	M	J	J	A	S	O	N	D
Raupen	J	F	M	A	M	J	J	A	S	O	N	D

7

8

9. Schmuck-Kleinspanner
Scopula ornata

Flügel rein weiß mit zwei mehr oder weniger gut sichtbaren, schmalen, hellbraunen Querbändern. Zwischen den hellgrauen bis graubraunen Fleckenbändern vor dem Saum und der äußeren Querlinie befindet sich eine Reihe hell goldbrauner Flecken, die durch eine dunkelbraune Wellenlinien begrenzt werden. Saumlinie strichförmig hell und dunkel gescheckt. Spannweite bis über 2,5 cm. Flugzeit: in zwei Generation von Mai bis September auf Magerrasen an Waldrändern und Gebüschen. Raupe lebt von August bis April des Folgejahres an Schafgarbe, Löwenzahn, Ampfer und anderen Kräutern.

Flugzeit	J	F	M	A	M	J	J	A	S	O	N	D
Raupen	J	F	M	A	M	J	J	A	S	O	N	D

10. Ockergelber Blattspanner
Camptogramma bilineata

Die Vorder- und Hinterflügel sind gelb bis ockerbraun mit zahlreichen bräunlichen und meist drei bis vier weißen, gezackten Querlinien. Saumlinie meist schwarz, durchgehend, leicht gewellt. Spannweite bis zu 3 cm. Flugzeit: in zwei Generationen von Mitte Mai bis Ende September. Die Art bevorzugt keinen bestimmten Lebensraum und fliegt sowohl im Wald- und Offenland als auch an feuchten und trockenen Stellen, in Gärten und Parks an Gebüschen und auf Wiesen. Raupe von August bis Juni des Folgejahres an Straußblütigem Sauerampfer, Sonnenröschen, Kriechendem Hauhechel und weiteren Pflanzenarten.

Flugzeit	J	F	M	A	M	J	J	A	S	O	N	D
Raupen	J	F	M	A	M	J	J	A	S	O	N	D

9

9

10

11. Prachtgrüner Bindenspanner
Colostygia pectinataria

Der Spanner hat eine grüne bis blaugrüne Grundfärbung und ein mittig quer laufendes, wellenförmig weiß gesäumtes Band mit je zwei schwarzen Flecken darin, die sich am Vorderflügelaußen- und Innenrand befinden. An der Flügelwurzel findet sich ein von einer weißen Linie begrenztes Band mit dunklen Flecken. Am hinteren Saum befindet sich in Nähe der Flügelspitze ein weiterer dunkler Fleck. Spannweite bis zu 2,8 cm. Flugzeit: in ein bis zwei Generationen von Mai bis Ende Juli und seltener von August bis Mitte September. Weißdorn und Labkraut sind neben weiteren Pflanzen die bevorzugten Futterpflanzen der Raupen, die von September mit Überwinterung bis zum Mai des Folgejahres und in der weiteren Generation von Juni bis August auftreten. Die Falter sind in allen Arten von Laubwäldern, Gebüschsäumen, Waldrändern, Heidegebieten, in Steinbrüchen und Kiesgruben, Gärten und anderen Lebensräumen zu finden.

Flugzeit	J	F	M	A	M	J	J	A	S	O	N	D
Raupen	J	F	M	A	M	J	J	A	S	O	N	D

12. Großer Kreuzdornspanner
Philereme transversata

Flügel holzbraun bis schwarzbraun. Deutlich kontrastreich mit einem breiten, dunkelbraunen Mittelfeld und zahlreichen Querlinien. Spannweite bis zu 3,5 cm. Flugzeit: in einer Generation von Juni bis August an Stellen mit Gebüsch an Waldrändern, Hecken, auf Trockenrasen und in Mooren. Raupe von Mitte April bis Anfang Juni an Kreuzdorn, Faulbaum und Schlehe.

Flugzeit	J	F	M	A	M	J	J	A	S	O	N	D
Raupen	J	F	M	A	M	J	J	A	S	O	N	D

11

11

12

12

13. Kleiner Frostspanner
Operophtera brumata

Die rundlich geformten Vorderflügel des Männchens dunkel gelbbraun bis graubraun mit mehreren undeutlichen, etwas gezähnten dunkleren Querlinien. Weibchen mit verkümmerten Flügeln, die höchstens die halbe Körperlänge erreichen. Vom Buchen-Frostspanner *O. fagata* durch die geringere Größe und die etwas dunkleren Flügel zu unterscheiden. Spannweite bis zu 3 cm. Flugzeit: In einer Generation erscheinen die Falter sehr spät im Jahr, wenn die Temperaturen dauerhaft unter 5° C gefallen sind, von Oktober bis Dezember in Wäldern, Obstwiesen, Parks und Gärten. Die Raupe erscheint von April bis Juni und ist ausgesprochen polyphag. Mehr als 50 verschiedene Baum und Straucharten sind als Nahrung nachgewiesen, vom Apfelbaum über Schlehe bis zu Weidenarten.

Flugzeit	J	F	M	A	M	J	J	A	S	O	N	D
Raupen	J	F	M	A	M	J	J	A	S	O	N	D

14. Hohlzahn-Kapselspanner
Perizoma alchemillata

Vorderflügel graubraun, Mittelfeld innen mit einer weißlichen, doppelten Querlinien. Hinterflügel grau mit undeutlichen Querlinien. Von der sehr ähnlichen *P. affinitata* durch die geringere Größe und die dunkleren Hinterflügel zu unterscheiden. Spannweite bis über 2 cm. Flugzeit: in einer Generation von Ende Juni bis Ende August in Wäldern an Waldrändern, auf Lichtungen, an Hecken und auch in Gärten. Raupe von Juli bis September an Hohlzahn, Ziest und Taubnessel.

Flugzeit	J	F	M	A	M	J	J	A	S	O	N	D
Raupen	J	F	M	A	M	J	J	A	S	O	N	D

13

14

15. Wiesenrauten-Kapselspanner
Gagitodes sagittata

Grundfärbung der Flügel gelblich- bis rötlichbraun. Zwei dunkelbraune, weiß gesäumte Bänder ziehen sich quer über die Vorderflügel, davon das mittlere mit je einem Zacken nach unten und eines an der Flügelwurzel. Spannweite bis 2,3 cm. Flugzeit: in einer Generation von Juni bis Mitte August ausschließlich in Au- und Bruchwäldern. Raupe von Juli bis August an Wiesenrauten. Sehr selten. RL 2.

Flugzeit	J	F	M	A	M	J	J	A	S	O	N	D
Raupen	J	F	M	A	M	J	J	A	S	O	N	D

16. Leinkraut-Blütenspanner
Eupithecia linariata

Flügelgrundfarbe ockergelb mit einer breiten, dunkelgrauen Binde und dunklen Flecken am Saum der Vorderflügel. Spannweite bis über 2 cm. Flugzeit: in ein bis zwei Generationen von Ende Mai bis September. Der Lebensraum des Falters erstreckt sich auf Brachflächen, Dämme und Gärten. Raupe von Juni bis August und von September bis Oktober an Gemeinem Leinkraut.

Flugzeit	J	F	M	A	M	J	J	A	S	O	N	D
Raupen	J	F	M	A	M	J	J	A	S	O	N	D

17. Sturmvogel
Melanthia procellata

Flügel von reinweißer Grundfarbe. Vorderflügel mit schwarzbraunem Wurzelfeld und großem, dunkelbraunem Fleck in der Mitte am Vorderrand, von dem aus mehr oder weniger gut sichtbare, gewellte Querlinien zum Innenrand laufen. Saumfeld hell- bis dunkelbraun mit weißem, viereckigen Fleck darin. Spannweite bis zu 4 cm. Flugzeit: in zwei Generationen von Ende April bis Anfang September in Auwäldern und an Waldrändern mit Gebüschen wo die Waldrebe wächst. Die Raupe von Juni bis Juli und August bis September an Gewöhnlicher Waldrebe.

Flugzeit	J	F	M	A	M	J	J	A	S	O	N	D
Raupen	J	F	M	A	M	J	J	A	S	O	N	D

15

16

17

18. Stachelbeerspanner
Abraxas grossulariata

Flügel weiß. Vorderflügel mit zwei gelben Querlinien, die von schwarzen Fleckenreihen an der Wurzel und zusätzlich einer gebogenen Linie in der Mitte gesäumt werden. Eine weitere Reihe schwarzer, runder Flecken befindet sich am Flügelsaum. Hinterflügel weiß mit schwarzen Fleckenreihen. Hinterleib gelb mit schwarzen Punkten. Spannweite bis zu 4,5 cm. Flugzeit: in einer Generation von Juni bis August. Die ähnlich gefärbte Raupe lebt bevorzugt an Stachelbeere, Hasel, Schlehe und anderen Straucharten von August bis Juni des Folgejahres. Der Lebensraum reicht von Au- und Bruchwäldern bis zu Gärten. Die Art ist selten geworden. RL V.

Flugzeit	J	F	M	A	M	J	J	A	S	O	N	D
Raupen	J	F	M	A	M	J	J	A	S	O	N	D

19. Ulmen-Harlekin
Abraxas sylvata

Flügel weiß. Vorderflügel mit je einem rostbraunen Fleck an der Flügelwurzel und am Innenrand. Am Vorderrand und an der äußeren Begrenzung weitere graue Flecken. Auch die weißen Hinterflügel tragen am Innenrand einen braunen Fleck. Auf Blättern sitzend sieht der Falter wie Vogelkot aus. Spannweite bis zu 4 cm. Flugzeit: in einer Generation von Ende Mai bis Anfang August in Laubwäldern. Raupe von Juli bis September an Laubholzarten wie Ulme, Traubenkirsche und anderen.

Flugzeit	J	F	M	A	M	J	J	A	S	O	N	D
Raupen	J	F	M	A	M	J	J	A	S	O	N	D

18

18

19

19

20. Weißstirn-Weißspanner
Cabera pusaria

Flügel weiß, oft fein mit wenigen Schuppen dunkel überstäubt. Vorderflügel mit drei fast geraden, kaum gezähnten dunkelgrauen Querlinien, zwei ebensolche auf den Hinterflügeln. Ein Unterscheidungsmerkmal ist auch die weiße Stirn. Spannweite bis 3,5 cm. Flugzeit: in zwei Generationen von Ende April bis Ende September in Laubwäldern, gebüschreichen Feuchtgebieten sowie Parks und Gärten. Raupe von Ende Mai bis Anfang Oktober an verschiedenen Laubgehölzen wie Birke, Weide, Eiche, Schwarzerle und anderen.

Flugzeit	J	F	M	A	M	J	J	A	S	O	N	D
Raupen	J	F	M	A	M	J	J	A	S	O	N	D

21. Gitterspanner, Kleespanner
Chiasmia clathrata

Grundfarbe der Flügel weiß oder gelblichweiß. Vorderflügel mit vier, Hinterflügel mit drei schwarzbraunen breiten Querlinien, sodass durch die ebenfalls schwarzbraune Aderung eine Gitterzeichnung entsteht. Fransen schwarz und weiß gescheckt. Spannweite bis zu 3 cm. Flugzeit: in zwei Generationen von April bis September auf Wiesen, Kleefeldern, Waldwiesen und Ackerbrachen. Raupe von Mai bis Juni und August bis September an Klee, Ginster, Labkraut, Luzerne und anderen.

Flugzeit	J	F	M	A	M	J	J	A	S	O	N	D
Raupen	J	F	M	A	M	J	J	A	S	O	N	D

22. Streifenspanner, Hobelspanner
Plagodis dolobraria

Vorderflügel weißlichgrau bis hell gelbbraun, mit zahlreichen feinen braunen Querstrichen, die die Anmutung von gemasertem Holz wiedergeben, und einem länglichen violettbraunen Fleck am Innenrand. Hinterflügel weißlich mit großem, violettbraunem Fleck am Innenrand. Spannweite bis über 3 cm. Flugzeit: in einer bis zwei Generationen von Ende April bis Anfang Juni und Juli bis August in Laubwäldern und Gärten. Raupe von Juni bis September an Eiche, Buche, Linde und anderen Laubgehölzen.

Flugzeit	J	F	M	A	M	J	J	A	S	O	N	D
Raupen	J	F	M	A	M	J	J	A	S	O	N	D

20

21

22

23. Gelbspanner
Ophitograptis luteolata

Flügel schwefelgelb. Am Vorderrand der Vorderflügel drei rötlichbraune Flecken, von denen der mittlere weiß und dunkel gerandet und der an der Flügelspitze keilförmig ist. Spannweite bis über 4 cm. Flugzeit: in zwei Generationen von April bis September in lichten Wäldern, an Hecken und auf mit Gebüsch bestandenem Offenland, auch in Gärten und Parks. Raupe von Juli bis August in der zweiten Generation auch überwinternd als Jungraupe an Schlehe, Weißdorn, Eberesche und anderen Straucharten.

Flugzeit	J	F	M	A	M	J	J	A	S	O	N	D
Raupen	J	F	M	A	M	J	J	A	S	O	N	D

24. Pantherspanner
Pseudopanthera macularia

Flügel hellgelb bis sattgelb mit mehreren Querbändern ineinander verlaufender, dunkelbrauner Flecken deren Zahl und Größe variieren kann. Fransen am unteren Rand der Hinterflügel dunkelbraun unterbrochen. Spannweite bis zu 3 cm. Flugzeit: in einer Generation von April bis Ende Juli auf Trockenrasen, an Waldrändern und auf Waldlichtungen. Raupe von Juni bis September an Ziest, Gefleckter Taubnessel, Hauhechel und anderen.

Flugzeit	J	F	M	A	M	J	J	A	S	O	N	D
Raupen	J	F	M	A	M	J	J	A	S	O	N	D

23

24

24

25. Violettbrauner Mondfleckspanner
Selenia tetralunaria

Flügel in der ersten Generation dunkel rotbraun. Flügel mit großem und breitem halbmondförmigen, durchsichtigen Mittelfleck und dunkelbraunem Mittel- und Basalbereich. Ein dunkelbrauner Fleck befindet sich im Saumbereich der Flügeloberseiten und fehlt den anderen Arten der Familie. Spannweite bis zu 4 cm. Flugzeit: in zwei Generationen von Anfang April bis August an Waldrändern, Hecken und auch in Gärten und Parks. Raupe von Juni bis Juli und August bis September an Eiche, Erle, Weide, Birke und anderen Laubgehölzen.

Flugzeit	J	F	M	A	M	J	J	A	S	O	N	D
Raupen	J	F	M	A	M	J	J	A	S	O	N	D

26. Nachtschwalbenschwanz
Ourapteryx sambucaria

Flügel gelblich bis grünlichweiß. Auf dem Vorderflügel zwei bräunliche Querlinien, deren innere sich auf den Hinterflügeln fortsetzen. Hinterflügel mit spitzen Schwänzchen und daran angelagertem rötlichem, schwarz umrandeten Augenfleck. Spannweite bis zu 5 cm. Flugzeit: in einer bis zwei Generationen von Juni bis Anfang August an Laub- und Mischwaldrändern, Gebüschbereichen, und auch in Gärten. Raupe August bis Mai des Folgejahres an verschiedenen Laubgehölzen wie Holunder, Schlehe, Zitterpappel und anderen.

Flugzeit	J	F	M	A	M	J	J	A	S	O	N	D
Raupen	J	F	M	A	M	J	J	A	S	O	N	D

25

25

26

27. Schlehenspanner, Pflaumenspanner
Angerona prunaria

Flügelfarbe rotorange bis hellgelb (Weibchen). Beide Flügel mit feiner grauer bis schwärzlicher Querstrichelung, deren Stärke und Umfang sehr variabel ist. Variation auch mit brauner Flügelfarbe und einer rötlichen oder hellgelben Querbinde. Spannweite bis zu 4,5 cm. Flugzeit: in zwei Generationen von Mai bis August in lichten Wäldern, an Waldrändern und auch in Parks und Gärten. Raupe von August bis Mai des Folgejahres an verschiedenen Gehölzarten wie Heckenkirsche, Faulbaum, Schlehe, Pappel und anderen.

Flugzeit	J	F	M	A	M	J	J	A	S	O	N	D
Raupen	J	F	M	A	M	J	J	A	S	O	N	D

28. Großer Frostspanner
Erannis defoliaria

Vorderflügel des Männchens meist hellgelb oder graubraun mit zwei charakteristischen, stark bis kaum noch sichtbaren breiten, dunkelbraunen Bändern und verstreuten dunklen Schuppen. Je zwei schwarze Flecken und eine dunkle Fleckung der Fransen der Vorderflügel ergänzen die Merkmale. Auch Exemplare ohne Zeichnung kommen vor. Das Weibchen hat nur kleine Flügelstummel, der Körper ist hellgelb mit schwarzen Flecken. Spannweite bis zu 4 cm. Flugzeit: sehr spät im Jahr in einer Generation ab Ende September bis Dezember in Wäldern, Streuobstwiesen, mit Bäumen und Sträuchern bestandenem Offenland und Parks und Gärten. Raupe von April bis Juni an verschiedenen Laubhölzern und Straucharten wie Birke, Hainbuche, Eiche, Schlehe, Weißdorn und anderen.

Flugzeit	J	F	M	A	M	J	J	A	S	O	N	D
Raupen	J	F	M	A	M	J	J	A	S	O	N	D

27

27

28

28

29. Birkenspanner
Biston betularia

Flügel von weißer Grundfarbe, mehr oder weniger dicht schwärzlich bestäubt, mit größeren, dunklen Flecken. Meist verwaschene oder unterbrochene Querlinien, jedoch am Vorderrand stets durch dicke, schwarze Flecken markiert. Hinterflügel mit meist undeutlicher Querlinie vor dem Saum. Beide Flügel mit hell und dunkel gescheckten Fransen. Der Falter ist perfekt an das Aussehen der Rinde von Birken angepasst. Manchmal auch einheitlich schwarz gefärbt. Spannweite bis zu 6 cm. Flugzeit: in einer Generation von Mai bis Juli. Raupe von Juli bis Oktober an Birken, Weiden, Eichen, Schlehe und anderen.

Flugzeit	J	F	M	A	M	J	J	A	S	O	N	D
Raupen	J	F	M	A	M	J	J	A	S	O	N	D

30. Schneespanner
Phigalia pedaria

Vorderflügel weißlich bis hellgrau, dunkler bestäubt und dicht behaart mit drei meist undeutlichen dunklen Querlinien, die am Vorderrand zu dunklen Flecken verdickt sind. Hinterflügel hellgrau, dunkel bestäubt mit zwei verwaschenen, dunklen Querlinien. Weibchen grau mit sehr kurzen Flügelstummeln und weißlich gefleckten Beinen. Spannweite bis zu 4 cm. Flugzeit: in einer Generation sehr früh im Jahr von Ende Dezember bis Anfang April an Waldrändern, Hecken, in Gärten und Parks und Streuobstwiesen. Raupe von April bis Juni an Laubhölzern wie Pappeln, Hainbuchen, Weiden, Schlehen und anderen.

Flugzeit	J	F	M	A	M	J	J	A	S	O	N	D
Raupen	J	F	M	A	M	J	J	A	S	O	N	D

29

29

29

30

31. Pappel-Dickleibspanner
Biston strataria

Vorderflügel grauweiß, mehr oder weniger schwärzlich bestäubt mit zwei breiten, rötlichbraunen, stark gezackten Querbinden mit schwärzlichen Linien. Hinterflügel mit ein bis zwei Querlinien. Spannweite bis zu 5 cm. Flugzeit: in einer Generation ab Mitte Februar bis Mai. Raupe von Mai bis Juli an Zitterpappel, Eiche, Linde, Birke und anderen Laubgehölzen in Laubmischwäldern, Auwäldern, Bruchwäldern und auch Parks und Gärten.

Flugzeit	J	F	M	A	M	J	J	A	S	O	N	D
Raupen	J	F	M	A	M	J	J	A	S	O	N	D

32. Gefleckter Rauschbeerenspanner
Arichanna melanaria

Vorderflügel weiß mit schwarzen Fleckenbändern. Hinterleib und -flügel gelb bis dunkelgelb mit schwarzen Flecken. Spannweite bis zu 4,5 cm. Flugzeit: in einer Generation von Ende Juni bis Ende August in feuchten Wäldern und Mooren. Raupe von September bis Mai des Folgejahres an Rauschbeere und Heidelbeere. Durch Anpassung kann man die Raupe möglicherweise in neuerer Zeit auch an Zitterpappel in Wäldern finden.

Flugzeit	J	F	M	A	M	J	J	A	S	O	N	D
Raupen	J	F	M	A	M	J	J	A	S	O	N	D

33. Heideland-Tagspanner
Ematurga atomaria

Flügel des Männchens von ockergelber Grundfärbung, die des Weibchens gelblichweiß, bei beiden mehr oder weniger dicht braun gesprenkelt. Vorderflügel und Hinterflügel mit bräunlichen Bändern und Querlinien. Spannweite bis zu 3 cm. Flugzeit: in zwei Generationen von April bis Ende August in Heidegebieten, Mooren, an Waldrändern und auf Magerrasen. Raupen von Mai bis September an verschiedenen Kräutern und Sträuchern wie Färberginster, Besenheide, Flockenblume, Hornklee und anderen. Häufig.

Flugzeit	J	F	M	A	M	J	J	A	S	O	N	D
Raupen	J	F	M	A	M	J	J	A	S	O	N	D

31

32

33

34. Kiefernspanner
Bupalus piniarius

Flügeloberseite braun überstäubt. Die Vorderflügel sind weiß mit braunen Bereichen zu den Spitzen hin. Hinterflügelunterseite mit einem weißen Längsband. Fühler beim Männchen stark gefiedert. Spannweite bis zu 3,5 cm. Flugzeit: in einer Generation von April bis Ende Juli. Raupe von Juni bis November an verschiedenen Nadelbäumen wie Kiefer, Fichte, Tanne und anderen. Einer der wenigen Nadelwaldbewohner, neigt auch gelegentlich zur Massenvermehrung.

Flugzeit	J	F	M	A	M	J	J	A	S	O	N	D
Raupen	J	F	M	A	M	J	J	A	S	O	N	D

35. Perlglanzspanner
Campaea margaritata

Flügel in frisch geschlüpftem Stadium hell weißlichgrün, von fast geraden, weißlich angelegten Querlinien durchzogen. Fransen an der Flügelspitze deutlich rötlich. Flügelfarbe schnell grauweiß verblassend, perlglanzartig. Spannweite bis zu 4 cm. Flugzeit: in zwei Generationen von Mitte Mai bis Oktober in Wäldern und auf Flächen mit Gebüsch. Raupen von Juli bis Mai des Folgejahres an verschiedenen Laubgehölzen wie Eiche, Weide, Buche, Birke und anderen.

Flugzeit	J	F	M	A	M	J	J	A	S	O	N	D
Raupen	J	F	M	A	M	J	J	A	S	O	N	D

34

34

35

36. Linienspanner, Hartheuspanner
Siona lineata

Flügel weiß mit einer schwarzen, namengebenden Aderung auf der Flügelunterseite. Spannweite bis über 4,5 cm. Flugzeit: in einer Generation von Ende Mai bis Juli auf Trockenrasen, Heiden, Moorwiesen und an Waldrändern. Raupe von Juli bis Mai des Folgejahres an verschiedenen Kräutern wie Löwenzahn, Thymian, Wegerich und anderen.

Flugzeit	J	F	M	A	M	J	J	A	S	O	N	D
Raupen	J	F	M	A	M	J	J	A	S	O	N	D

37. Garten-Blattspanner
Xanthorhoe fluctuata

Der Falter ist einer unserer häufigsten Spanner. Die Grundfärbung der Flügel ist grauweiß. Am Flügelansatz und im Mittelfeld des Vorderflügels befinden sich dunkelbraune Felder und erkennbare Wellenlinien. Die grauweißen Hinterflügel haben ebenfalls wellenförmige Linienzeichnungen. Spannweite über 3 cm. Flugzeit: in zwei Generationen von April bis Mitte Juni und von Juli bis Ende September. Die Raupen leben von August bis Oktober und von Mai bis Juni an verschiedenen Kreuzblütlern wie Knoblauchsrauke oder Kohl in verschiedensten Lebensräumen wie Mischwäldern, Nadelwäldern, Trockenrasen, Äckern, Brachflächen, Parks und Gärten.

Flugzeit	J	F	M	A	M	J	J	A	S	O	N	D
Raupen	J	F	M	A	M	J	J	A	S	O	N	D

36

36

37

Eulen *Noctuidae*

1. Nessel-Schnabeleule
Hypena proboscidalis

Farbe der im Ruhezustand dreieckigen Vorderflügel variiert von dunklem Braun bis zu Grautönen. Die Taster bilden am Kopf einen schnabelartigen Fortsatz. Je eine gezackte und eine weiter unten sitzende, leicht wellenförmige, dunkelbraune Linie schließen ein dunkleres Querband ein. Spannweite bis 4 cm. Flugzeit: in zwei Generationen von Mai bis Oktober in Auwäldern, Gärten, an Gewässerufern. Raupe von August bis Mai des Folgejahres und von Juli bis August an Brennnessel, Hopfen und anderen.

Flugzeit	J	F	M	A	M	J	J	A	S	O	N	D
Raupen	J	F	M	A	M	J	J	A	S	O	N	D

2. Zackeneule, Zimteule
Scoliopteryx libatrix

Vorderflügel grau- bis zimtbraun mit gezacktem Außenrand. Flügelansatz und Mittelteil orangebraun. Geschwungene Querlinie im hinteren Vorderflügelteil doppelt, weißlich. Spannweite bis 4,5 cm. Flugzeit: in zwei Generationen von Juni bis Juli und von August mit Überwinterung bis Juni des Folgejahres in verschiedenen Lebensräumen, überwintert in feuchten Kellern und Höhlen. Die Falter sind in der Lage, mit ihrem kräftigen Rüssel Früchte anzustechen. Raupe von Mai bis September an Weiden und Pappelarten wie Salweide und Zitterpappel.

Flugzeit	J	F	M	A	M	J	J	A	S	O	N	D
Raupen	J	F	M	A	M	J	J	A	S	O	N	D

1

2

2

2

3. Sicheleule
Laspeyria flexula

Vorderflügel stark gezackt, grau, an der Vorderflügelspitze dunkelbraun. Zwei Querlinien innen gelbbraun, braun gesäumt, am Vorderrand rechtwinklig gebrochen. Im Mittelfeld zwei kleine dunkle Punkte. Sieht einem Spanner ähnlich. Spannweite bis 3,5 cm. Flugzeit: in zwei bis drei Generationen von Anfang Juni bis Oktober in Laubmischwäldern, Nadelwäldern und Parks. Raupen von Juni bis Mai des Folgejahres an Flechten und Algen an Baumrinde und Gebüsch.

Flugzeit	J	F	M	A	M	J	J	A	S	O	N	D
Raupen	J	F	M	A	M	J	J	A	S	O	N	D

4. Buchen-Kahneule
Pseudoips prasinana

Vorderflügel hellgrün mit drei hellen und dunklen Querlinien und roten, weiß unterbrochenen Fransen am Außenrand. Die Fühler und Beine sind ebenso rot gefärbt. Spannweite bis über 3,5 cm. Flugzeit: in ein bis zwei Generationen von April bis Ende August in Laubwäldern, bevorzugt Buchenwald. Raupe von Juni bis Oktober an verschiedenen Laubgehölzen wie Buche, Birke, Hasel, Hainbuche, Eiche und anderen.

Flugzeit	J	F	M	A	M	J	J	A	S	O	N	D
Raupen	J	F	M	A	M	J	J	A	S	O	N	D

3

3

4

5. Klosterfrau
Panthea coenobita

Vorderflügel sehr verschiedenartig gezeichnet; weiß mit schwarzen, gezackten Querbändern und Fleckenzeichnungen. Wellenlinien auch mit brauner Füllung, am Flügelspitzenrand stark gezahnt. Ein kleiner, dunkler, weiß umrandeter Fleck in der Mitte am Außenrand der Vorderflügel. Flügelsaum mit schwarz-weißen Fransen. Spannweite bis zu 5 cm. Flugzeit: in einer Generation Mai bis August in Nadelwäldern. Raupe von Juli bis Mitte Oktober im Kronenbereich von Nadelbäumen wie Kiefer, Fichte, Lärche oder Weißtanne.

Flugzeit	J	F	M	A	M	J	J	A	S	O	N	D
Raupen	J	F	M	A	M	J	J	A	S	O	N	D

6. Haseleule
Colocasia coryli

Vorderflügel bis zur Querlinie dunkelgraubraun, zum Außenrand hellgrau. Querlinien geschwungen, schwärzlich. Schwarz gerandete Ringflecken. Körper dicht behaart. Die Fühler des Männchens sind doppelt befiedert. Spannweite bis zu 3,5 cm. Flugzeit: in zwei Generationen März bis August in Laubwald, Gärten und Parks. Raupe von Mitte Juni bis Mitte November an Laubholz wie Rotbuche, Stieleiche, Haselnuss oder Hainbuche.

Flugzeit	J	F	M	A	M	J	J	A	S	O	N	D
Raupen	J	F	M	A	M	J	J	A	S	O	N	D

5

5

6

7. **Forleule**, Kieferneule
Panolis flammea

Der Falter ist sehr verschiedenartig gefärbt, von hell orangerot, grau bis grünlichgrau. Je zwei weißgerandete Nierenmakel auf der Vorderflügelseite sind in der Regel deutlich erkennbar. Spannweite bis 3,3 cm. Flugzeit: in einer Generation März bis Juni in Nadel- und Laubmischwäldern mit Kiefer. Raupe von Mai bis Mitte Juli an Kiefer und manchmal auch Fichte.

Flugzeit	J	F	M	A	M	J	J	A	S	O	N	D
Raupen	J	F	M	A	M	J	J	A	S	O	N	D

8. Ackerwinden-Bunteulchen
Acontia trabealis

Die Vorderflügel sind gelblichweiß mit schwarzer längsverlaufender Linie am Innenrand und einem Fleckenmuster. Die Hinterflügel sind braun. Spannweite bis 2 cm. Flugzeit: in ein bis zwei Generationen von Mai bis August in warmen Halbtrockenrasen ausnahmsweise auch in Feuchtwiesen und Niedermooren. Raupe von Juni bis Juli und August bis September an Windenarten. RL V.

Flugzeit	J	F	M	A	M	J	J	A	S	O	N	D
Raupen	J	F	M	A	M	J	J	A	S	O	N	D

7

7

7

8

9. Buschrasen-Grasmotteneulchen
Deltote deceptoria

Vorderflügel schwärzlich. Flügelansatz und Saumfeld bis zur Wellenlinie weiß. Feld zwischen Wellenlinie und Saum dunkel- bis olivbraun. Saum mit dunkelbraunem Band, das nach vorne durch eine weiße Wellenlinie abgegrenzt wird. Hinterflügel grau mit dunklem Mittelfleck und gewellter Querlinie vor dem Saum. Fransen sind schwarz und grau gestreift. Spannweite bis 2,5 cm. Flugzeit: in ein bis zwei Generationen von Ende April bis August in Trockenrasen, feuchten Wiesen mit Gräsern, an Waldrändern und Gebüsch. Raupe von Juni bis August an Liesch- und anderen Gräsern.

Flugzeit	J	F	M	A	M	J	J	A	S	O	N	D
Raupen	J	F	M	A	M	J	J	A	S	O	N	D

10. Silbereulchen
Deltote bankiana

Vorderflügel olivbraun bis graubraun, mit zwei schräg verlaufenden, silberweißen Querlinien. Die vordere gezackt und die hintere mit zwei Ausbuchtungen nach vorne. Vor dem Saum eine weißliche Linie. Hinterflügel grauweiß. Spannweite bis 2,5 cm. Flugzeit: in einer bis zwei Generationen von Juni bis Juli in Feucht- oder etwas trockeneren Wiesen, in Au- und Bruchwäldern auf grasbestandenen Lichtungen. Wobei die zweite Generation wohl unvollständig ist. Raupe von Juni bis September an Gräsern und Seggen.

Flugzeit	J	F	M	A	M	J	J	A	S	O	N	D
Raupen	J	F	M	A	M	J	J	A	S	O	N	D

9

9

10

11. Seladoneule
Moma alpium

Vorderflügel hellgrün. Am Vorderrand mit weißlichem Längsstreifen. Die Querlinien und Flecken sowie die unterbrochene Wellenlinie sind schwarz. Spannweite bis über 4 cm. Flugzeit: in einer bis zwei Generationen von Mai bis August. Die zweite Generation ist unvollständig. Raupe von Juni bis September an verschiedenen Laubgehölzen wie Eiche, Erle, Birke, Hasel und anderen in Laub- und Mischwäldern und auch Parks. RL V.

Flugzeit	J	F	M	A	M	J	J	A	S	O	N	D
Raupen	J	F	M	A	M	J	J	A	S	O	N	D

12. Erlen-Rindeneule
Acronicta alni

Vorderflügel weißgrau bis hell braungrau, längs des Innenrandes und in der Mitte bis zum Vorderrand schwärzlichbraun, quer verdunkelt. Eine helle wellenförmige Querlinie ist mehr oder der weniger gut im hinteren Bereich der Vorderflügel sichtbar. Spannweite bis 3,8 cm. Flugzeit: einer bis zu zwei Generationen, wobei die 2. unvollständig ist, von Mai bis August in Mooren, Erlenbruchwäldern, feuchten bis trockenen Laubwäldern, Parks und Gärten. Schwarze Raupe mit ihren auffälligen gelben Streifen und ihren fühlerartigen Haarfortsätzen am Körper sehr auffällig von Juni bis Mitte September an Erlenarten wie Schwarzerle, Bergahorn, Zitterpappel, Haselnuss, Schlehe und weiteren Gehölzarten. Nicht häufig.

Flugzeit	J	F	M	A	M	J	J	A	S	O	N	D
Raupen	J	F	M	A	M	J	J	A	S	O	N	D

11

12

12

13. Ahorn-Rindeneule
Acronicta aceris

Vorderflügel asch- bis dunkelgrau. Deutlich größer als die anderen Rindeneulen. Innere Querlinie doppelt, oft undeutlich. Äußere Querlinie doppelt, hell gefüllt. Zeichnung meist gut erkennbar. Spannweite bis 4,5 cm. Flugzeit: in ein bis zwei Generationen Mai bis September in Laubwäldern, Alleen und Feldgehölzen. Auffällige gelb, orange und rot behaarte Raupe von Ende Juni bis Anfang Oktober an Rosskastanie, Ahorn, Stieleichen und einigen weiteren Laubhölzern. Im Bestand stark zurückgegangen.

Flugzeit	J	F	M	A	M	J	J	A	S	O	N	D
Raupen	J	F	M	A	M	J	J	A	S	O	N	D

14. Ampfereule, Ampfer-Rindeneule
Acronicta rumicis

Vorderflügel grau bis dunkelgrau oder braungrau. Doppelte, schwarze Querlinien. Zeichnung meist undeutlich. In der äußeren Querlinie knapp vor dem Innenrand oft ein deutlicher weißer, hakenförmiger Fleck. Spannweite bis 3,5 cm. Flugzeit: in zwei bis drei Generationen von April bis September in Offenlandbereichen, auch in Gärten. Raupen von Juni bis Oktober an verschiedensten Gehölzen und Kräutern wie Brombeere, Salweide, Löwenzahn, Spitzwegerich und anderen. Häufig.

Flugzeit	J	F	M	A	M	J	J	A	S	O	N	D
Raupen	J	F	M	A	M	J	J	A	S	O	N	D

13

13

14

14

15. Wiesenrauten-Goldeule
Lamprotes c-aureum

Vorderflügel dunkel- und violettbraun getönt. Äußere Querlinie am Innenrand breit goldfarbig angelegt, Feld zwischen dunkler Querlinie und Saum vom Vorderrand bis zur Mitte ebenfalls goldfarben. Hinterflügel grau mit dunkler Mittellinie. Spannweite bis zu 3,5 cm. Flugzeit: in einer bis möglicherweise 2 Generationen von Juni bis August in Auwäldern, an schattigen und feuchten Stellen in Bachtälern, hauptsächlich nur noch in Süddeutschland. Raupe von August bis Juni des Folgejahres an Akelei und Wiesenraute. Selten. RL 2.

Flugzeit	J	F	M	A	M	J	J	A	S	O	N	D
Raupen	J	F	M	A	M	J	J	A	S	O	N	D

16. Messingeule
Diachrisia (chrysitis) chrysitis

Mittelfelder und Wurzelfelder der Vorderflügel braun. Äußerer Bereich messingfarben. Saumfeld messingfarben, zur Flügelhinterkante in hellbraun übergehend. Hinterflügel braungrau. Die Falter gehören zum sogenannten Chrysitis-Artkomplex dessen Unterscheidung derzeit nicht ganz klar abzugrenzen ist. Spannweite bis zu 3,5 cm. Flugzeit: in zwei bis 3 Generationen von Mai bis Oktober in Gärten und an Waldrändern. Raupe von September bis Mai des Folgejahres und Juni bis Juli an Gefleckter Taubnessel, Großer Brennnessel und Natternkopf.

Flugzeit	J	F	M	A	M	J	J	A	S	O	N	D
Raupen	J	F	M	A	M	J	J	A	S	O	N	D

15

15

16

16

17. Gammaeule
Autographa gamma

Vorderflügel grau bis graubraun und violettbraun mit je einem Y-förmigen Zeichen, meist sehr fein, weiß umrandet. Hinterflügel graubraun mit breit verdunkeltem Saum. Auf dem Rücken büschelartig abstehende Borsten. Spannweite bis 4 cm. Flugzeit: in zwei bis drei Generationen von März bis November in Gärten, auf Kulturflächen, auf Brachen. Fliegt als Wanderfalter aus Süden ein. Raupen bei uns ganzjährig, kann aber nur milde Winter überstehen, an verschiedensten Pflanzen wie Rotklee, Gemüsekohl, Kopfsalat, Brennnessel, Löwenzahn und vielen anderen. Überall sehr häufig.

Flugzeit	J	F	M	A	M	J	J	A	S	O	N	D
Raupen	J	F	M	A	M	J	J	A	S	O	N	D

18. Scheck-Tageule
Euclidia mi

Grundfarbe der Vorderflügel grau mit brauner, weiß umrandeter, kontrastreicher Zeichnung, die in der Form an eine Maske erinnert. Spannweite bis 3 cm. Hinterflügel dunkelbraun mit weißen oder gelblichen Flecken und Bändern. Flugzeit: in einer Generation von Ende April bis Anfang Juli auf Trockenrasen, magerem Grünland, Waldlichtungen, an Waldrändern und auch auf Feuchtwiesen und an Moorrändern. Raupe von Ende Juni bis Mitte September unter anderem an Steinklee, Rotklee, Vogelwicke und weiteren Arten.

Flugzeit	J	F	M	A	M	J	J	A	S	O	N	D
Raupen	J	F	M	A	M	J	J	A	S	O	N	D

17

17

18

18

19. Braune Tageule
Euclidia glyphica

Grundfarbe der Vorderflügel graubraun mit dunkelbraunen, quer verlaufenden Binden und einem dunklen Fleck in Form eines Dreiecks. Die Hinterflügel zeigen eine goldgelbe Bänderzeichnung auf dunkelbraunem Grund. Spannweite bis 3 cm. Flugzeit: in zwei Generationen von April bis August, auf Feuchtwiesen ebenso wie auf Trockenrasen. Raupe von Mai bis Anfang September an Platterbse, Wicke, Hornklee, Hufeisenklee, Luzerne und anderen.

Flugzeit	J	F	M	A	M	J	J	A	S	O	N	D
Raupen	J	F	M	A	M	J	J	A	S	O	N	D

20. Eisenhut-Höckereule, Eisenhut-Metalleule
Euchalcia variabilis

Vorderflügel graubraun oder olivgrün mit zwei doppelten rosa Querlinien und Flecken sowie haarigen Fortsätzen am Rücken. Am Saum befindet sich eine weiße Linie. Spannweite bis 3,5 cm. Flugzeit: in einer Generation von Juni bis August an schattigen Stellen, in Wäldern, an Waldrändern und in Bachtälern. Die Raupe überwintert nach dem Schlupf im September und erscheint wieder von April bis Anfang Juni des Folgejahres an Eisenhutarten. RL 3.

Flugzeit	J	F	M	A	M	J	J	A	S	O	N	D
Raupen	J	F	M	A	M	J	J	A	S	O	N	D

19

19

19

20

21. Schattenmönch
Cucullia umbratica

Größter Vertreter der heimischen Mönchsarten. Vorderflügel aschgrau, schmal und lang. Außenrand der Vorderflügel fast gerade. Im Mittelfeld je ein undeutlicher, länglicher, ockerfarbener Fleck. Den Vorderflügel überziehen schwarze, sehr dünne, weißlich gerandete, gezackte Striche. Hinterflügel des Männchens weißlich mit dunklen Adern und dunkler Umrandung, die des Weibchens bräunlich, an der Basis aufgehellt. Die Art ist in der Zeichnung variabel, daher leicht zu verwechseln. Spannweite bis zu 5,7 cm. Flugzeit: in einer bis zwei Generation von Mai bis August auf Wiesen, Trockenrasen, an Waldrändern, Heckenbereichen, Ruderalflächen und auch in Gärten und Parks. Raupe von Juni bis September an verschiedenen Pflanzen wie Salat, Löwenzahn, Habichtskraut, Wegwarte, Gänsedistel.

Flugzeit	J	F	M	A	M	J	J	A	S	O	N	D
Raupen	J	F	M	A	M	J	J	A	S	O	N	D

22. Königskerzen-Mönch
Cucullia verbasci

Vorderflügel gelblichbraun bis rötlichgelb. Beide Vorderflügel im Mittelbereich hell und an den Saumzonen dunkel rötlichbraun. Zwei helle Bogenpaare finden sich am Rand der Vorderflügel im unteren Bereich. Spannweite bis 5,3 cm. Flugzeit: in einer Generation von April bis Juni in warmen Trockenrasen in Hanglagen, auf warmen, sonnenbeschienenen Waldlichtungen und manchmal auch in Gärten. Raupe von Mai bis Juli an Königskerzen, vereinzelt auch an Braunwurz.

Flugzeit	J	F	M	A	M	J	J	A	S	O	N	D
Raupen	J	F	M	A	M	J	J	A	S	O	N	D

21

21

22

22

23. Hornkraut-Tageulchen
Panemeria tenebrata

Vorderflügel dunkelbraun mit hellerem Band im hinteren Bereich und einer gezackten, undeutlichen Querlinie. Hinterflügel dunkelbraun mit breitem, gelbem Mittelband. Spannweite bis 2,5 cm. Flugzeit: in einer Generation von April bis Juni tagaktiv auf trockenen, mageren Wiesen an Wegrändern und Brachflächen. Raupe von Mitte Mai bis Juni an Hornkraut und Sternmieren.

Flugzeit	J	F	M	A	M	J	J	A	S	O	N	D
Raupen	J	F	M	A	M	J	J	A	S	O	N	D

24. Schwarzes Ordensband
Mormo maura

Sehr große Art, bis zu 6,5 cm Spannweite. Vorderflügel dunkelbraun. Mittelfeld mit großen und kleinen, schwärzlich braunen Flecken verdunkelt. Am Vorderrand schwarze strichförmige Flecke. Hinterflügel mit zwei schwarzgrauen Querbändern. Flugzeit: in einer Generation von Juli bis Ende September. An Waldrändern, Gewässerufern und auf Offenland. Bevorzugt in Gewässernähe. Die Raupe lebt von August bis Mai des Folgejahres an Esche, Erle, Weide, auch an Brennnessel, Löwenzahn, Sauerampfer und anderen Pflanzen. RLV.

Flugzeit	J	F	M	A	M	J	J	A	S	O	N	D
Raupen	J	F	M	A	M	J	J	A	S	O	N	D

23

24

24

25. Achateule
Phlogophora meticulosa

Vorderflügel ockergelb bis olivbraun, oft rötlich getönt. Rand der Vorderflügel stark gezackt. Mittelfeld dunkler, durch die am Innenrand zusammenlaufenden Querlinien wie zwei ineinander liegende Dreiecke aussehend. Spannweite bis zu 5 cm. Flugzeit: in zwei Generationen von April bis November an Wäldrändern, auf Lichtungen, Wegrändern, Wiesen, Parks und Gärten. Raupe von Juni bis Mai des Folgejahres an verschiedenen Pflanzen wie Brennnessel, Löwenzahn, Besenheide, Liguster, Salweide. Häufig.

Flugzeit	J	F	M	A	M	J	J	A	S	O	N	D
Raupen	J	F	M	A	M	J	J	A	S	O	N	D

26. Trapezeule
Cosmia trapezina

Vorderflügel ockergelb bis braun oder hellrot bis kupferrot. Mittelfeld annähernd trapezförmig durch zwei schwarzweiße Linien eingefasst mit je einem schwarzen Punkt darin. Spannweite bis über 3 cm. Flugzeit: in einer Generation von Juni bis Oktober an Gebüschen, in Wäldern, Gärten und Parkanlagen. Raupe an Sträuchern und Laubbäumen wie Schlehe, Haselnuss, Stieleiche, Hainbuche und anderen. Häufig. Die Raupe lebt von Ende April bis Anfang Juni und gehört zu den sogenannten Mordraupen (s. Kapitel Raupen S. 29).

Flugzeit	J	F	M	A	M	J	J	A	S	O	N	D
Raupen	J	F	M	A	M	J	J	A	S	O	N	D

25

25

26

26

27. Violett-Gelbeule
Xanthia togata

Vorderflügel goldgelb bis dunkelgelb mit breiter, violetter bis braunroter Binde. Zwei große, dunklere rotbraune bis violette Flecke am Vorderrand, Punkte am Flügelsaum und in der Mitte in gleicher Farbe. Auch Kopf und Halskragen violett gefärbt. Spannweite bis zu 3 cm. Flugzeit: in einer Generation von August bis Oktober in Gebüschen und an Waldrändern. Raupe ab Mitte März an Kätzchen von Weidenarten, Pappeln und Brombeere. Später fallen sie damit zu Boden und fressen bis Mitte Mai an krautigen Pflanzen wie Ampfer und anderen.

Flugzeit	J	F	M	A	M	J	J	A	S	O	N	D
Raupen	J	F	M	A	M	J	J	A	S	O	N	D

28. Satellit-Wintereule
Eupsilia transversa

Vorderflügel bräunlich grau, rotbraun oder graubraun bis gelbrot. Dunkle, schmale Querlinien. Die Nierenmakel sind weiß, gelb, rötlichorange oder braun gekernt mit zwei gleichfarbigen, kleinen Punkten (Satelliten) links und rechts daneben. Spannweite bis über 4 cm. Flugzeit: in einer Generation von Ende August mit Überwinterung bis Mai an vielen Stellen in Gärten, Obstwiesen, Hecken, Feldgehölzen und Laubmischwäldern. Die Raupe gehört zu den sogenannten Mordraupen, die andere Raupen frisst. Ansonsten leben sie von Mai bis Juni vom Laub verschiedener Laubhölzer wie Eichen, Linden, Buche, Feldahorn und anderen.

Flugzeit	J	F	M	A	M	J	J	A	S	O	N	D
Raupen	J	F	M	A	M	J	J	A	S	O	N	D

27

27

28

29. Herbst-Rauhhaareule, Sphinxeule
Asteroscopus sphinx

Vorderflügel dunkelgrau, braungrau bis hellgrau mit dunkelbraunen Längsstrichen. Hinterflügel grauweiß. Spannweite bis zu 4,5 cm. Flugzeit: in einer Generation spät von Oktober bis in den Dezember hinein in Misch- und Auwäldern, Hecken, Parks und Gärten. Raupe von Ende April bis Mitte Juni an Laubhölzern wie Schlehe, Eiche, Haselnuss, Salweide und anderen.

Flugzeit	J	F	M	A	M	J	J	A	S	O	N	D
Raupen	J	F	M	A	M	J	J	A	S	O	N	D

30. Weißlichgelbe Grasbüscheleule
Apamea lithoxylaea

Vorderflügel gelblichweiß mit graubraunen bis rötlichbraunen Zeichnungselementen. Querlinien sehr undeutlich. Mittelflecken lang, schmal, liegend und dunkler gerandet, Zapfenflecken ähnlich. Hinterflügel mit dunklem Saum. Spannweite bis 5 cm. Flugzeit: in einer Generation von Juni bis August. Raupe von August bis Mai des Folgejahres an den Wurzeln von verschiedenen Gräsern wie dem Wiesen-Rispengras. Das Lebensraumspektrum reicht von Trockenrasen, über Wiesen bis zu Gärten.

Flugzeit	J	F	M	A	M	J	J	A	S	O	N	D
Raupen	J	F	M	A	M	J	J	A	S	O	N	D

29

29

29

30

31. Heidekraut-Bunteule
Anarta myrtilli

Vorderflügel bunt, weiß, grau, graubraun bis rötlichbraun. Querlinien dunkelbraun und weiß. In der Flügelmitte auffallender, weißer, keilförmiger Fleck. Die gelben Hinterflügel mit breitem, schwarzem Saum. Spannweite bis 2,2 cm. Flugzeit: in meist zwei Generationen von April bis August auf Moorflächen oder in Sandgebieten mit Heidekraut. Raupe von Juni bis Juli und August bis September hauptsächlich an Heidekraut und Glockenheide. RL V.

Flugzeit	J	F	M	A	M	J	J	A	S	O	N	D
Raupen	J	F	M	A	M	J	J	A	S	O	N	D

32. Flohkrauteule
Melanchra persicariae

Vorderflügel schwarz oder braunschwarz. Ein weißer Nierenfleck mit hellbraunem Längsstrich in der Mitte und ein gelblichbrauner Ringmakel in einem etwas dunkleren, mittig verlaufenden Querband sind charakteristisch. Spannweite bis 3,8 cm. Flugzeit: in einer, im Süden bis drei Generation von Juni bis September. Raupe von Juli bis Anfang Oktober an Schwarzem Holunder, Himbeere, Haselnuss, Großer Brennnessel und anderen Pflanzen in verschiedensten Lebensräumen von Wäldern bis Kulturflächen in beschatteten Bereichen.

Flugzeit	J	F	M	A	M	J	J	A	S	O	N	D
Raupen	J	F	M	A	M	J	J	A	S	O	N	D

31

31

32

32

33. Weißpunkt-Graseule
Mythimna albipuncta

Vorderflügel gelblich braun, rotbraun bis dunkelbraun mit zwei heller angedeuteten, schwer erkennbaren, gezackten und gewellten Querbändern und je einem hellen Punkt. Spannweite bis zu 3,5 cm. Flugzeit: in zwei Generationen von Mai bis Oktober sowohl auf Feuchtwiesen wie auch auf Trockenrasen und Siedlungsbereich. Raupe von Juli bis August und September bis Mai des Folgejahres an verschiedenen Grasarten.

Flugzeit	J	F	M	A	M	J	J	A	S	O	N	D
Raupen	J	F	M	A	M	J	J	A	S	O	N	D

34. Gothica-Kätzcheneule
Orthosia gothica

Vorderflügel violettgrau, gelbgrau bis braungrau. Eine meist schwarze, seltener auch dunkelbraune Zeichnung in der Mitte der Vorderflügel (sieht einem mittelalterlichen Schriftzeichen ähnlich). Spannweite bis zu 3,5 cm. Flugzeit: in einer Generation Ende Februar bis Anfang Juni an Waldrändern, in Gärten, besucht im zeitigen Frühjahr nachts blühende Weidenkätzchen. Raupe von Mai bis Juli an Laubbäumen wie Stieleiche, Salweide oder an Großer Brennnessel und anderen. Häufig.

Flugzeit	J	F	M	A	M	J	J	A	S	O	N	D
Raupen	J	F	M	A	M	J	J	A	S	O	N	D

33

34

34

34

35. Malachiteule
Staurophora celsia

Vorderflügel mit einer schnell verblassenden, leuchtend grünen Färbung mit einem gezackten, braunen Mittelrand und ebenso gefärbten Seitenrändern, die im geschlossenen Zustand ein Kreuz ergeben. Die Hinterflügel sind bräunlich grau. Der Falter ist unverwechselbar. Spannweite bis 4,7 cm. Flugzeit: sehr spät in einer Generation von September bis Anfang Oktober in lichten, sonnigen Kiefernwäldern, auf Trockenrasen, in Heidegebieten, auf Sandböden und in Mooren. Raupen von Juni bis August an Wurzeln verschiedener Gräser. Sehr selten. RL 3.

Flugzeit	J	F	M	A	M	J	J	A	S	O	N	D
Raupen	J	F	M	A	M	J	J	A	S	O	N	D

36. Hellrandige Erdeule
Ochropleura plecta

Vorderflügel braunrot. Vorderrand mit weißlichgelbem Streifen. Je einen, weiß gerandeten Ring- und einen Nierenmakel in einem schwarzen Längsband. Spannweite bis 3 cm. Flugzeit: in zwei bis drei Generationen von Mai bis September in Gärten, Parks, auf Wiesen und Weiden. Raupe von Juni bis Juli und August bis Oktober an verschiedenen Gräser- und Kräuterarten.

Flugzeit	J	F	M	A	M	J	J	A	S	O	N	D
Raupen	J	F	M	A	M	J	J	A	S	O	N	D

35

35

36

37. Hausmutter
Noctua pronuba

Sehr variabel von gelbbraun über graubraun und rotbraun bis dunkelbraun gezeichnete Vorderflügel mit je einem hellen, braun gefüllten Ringfleck und einem achtförmig ausgebildeten, dunkel gefüllten Nierenfleck. Hinterflügel gelb mit einem schmalen schwarzen Saumband. Spannweite bis 5,5 cm. Flugzeit: in einer Generation von Mai bis Anfang Oktober in lichten Wäldern, Parks und Gärten. Raupe von August bis Mai des Folgejahres an verschiedensten Gehölzen und Kräutern wie Labkraut, Löwenzahn, Brennnessel, Brombeere, Weide und anderen.

Flugzeit	J	F	M	A	M	J	J	A	S	O	N	D
Raupen	J	F	M	A	M	J	J	A	S	O	N	D

38. Gelbe Bandeule
Noctua fimbriata

Vorderflügel sehr variabel grau, bräunlich-grün oder rötlichbraun mit deutlich hellerer, dunkel gesäumter Querlinienzeichnung. Hinterflügel gelb mit schwarzem Saumband. Unterseite weiß. Spannweite bis 5,5 cm. Flugzeit: in einer Generation von Juni bis Oktober an Waldrändern und Gebüschen, auch im Offenland und Siedlungsbereich. Raupe von September bis Mai des Folgejahres an Schlehe, Salweide, Löwenzahn und anderen Nahrungspflanzen. Häufig.

Flugzeit	J	F	M	A	M	J	J	A	S	O	N	D
Raupen	J	F	M	A	M	J	J	A	S	O	N	D

37

37

38

38

39. Schwarzes C
Xestia c-nigrum

Häufigster Vertreter der Eulenfalter. Grauweißer Halskragen. Vorderflügel purpurbraun bis purpurgrau. Ringmakel grauweiß, das Mittelfeld tiefschwarz c-förmig eingefasst. Am Flügelrand je ein schwarzer Fleck. Spannweite bis 3,8 cm. Flugzeit: in zwei Generationen von Mai bis Oktober. Raupe von Juni bis Juli und September bis April des Folgejahres an Kräutern. Fast überall anzutreffen, auch aus dem Süden einwandernd.

Flugzeit	J	F	M	A	M	J	J	A	S	O	N	D
Raupen	J	F	M	A	M	J	J	A	S	O	N	D

40. Ypsiloneule
Agrotis ipsilon

Ein schwarzer Pfeilstrich weist von den runden, schwarz umrandeten Flecken nach außen, zwei weitere schwarze Pfeilflecken von der Wellenlinie nach innen. Spannweite bis 5 cm. Flugzeit: Der Falter wandert aus Südeuropa ein und bildet bei uns eine lange Generation von April bis Oktober in Gärten und Kulturland allgemein. Raupe Mai bis September an Wurzeln und Blättern verschiedener Kräuter.

Flugzeit	J	F	M	A	M	J	J	A	S	O	N	D
Raupen	J	F	M	A	M	J	J	A	S	O	N	D

39

39

40

40

41. Ausrufungszeichen
Agrotis exclamationis

Vorderflügel des Männchens gelbgrau bis rötlich- oder hellbraun, die des Weibchens braun bis schwarzbraun. Je ein zapfenförmiger, tiefschwarzer Fleck, der zusammen mit dem dunkelbraunen, nierenförmigen Fleck als Ausrufezeichen interpretiert werden kann, sehr auffallend. Weiße, zum Rand hin dunklere Hinterflügel. Spannweite bis 4,5 cm. Flugzeit: in ein bis zwei Generationen von Mai bis August in Gärten, Parks, auf Wiesen, Halbtrockenrasen, Sandmagerrasen, vergraste Brachflächen und Böschungen. Raupen der ersten Generation August bis Mai des Folgejahres und Juni bis Juli an Wurzeln von Gräsern und Kräutern wie Rispengras, Wegerich, Wilde Möhre und Löwenzahn.

Flugzeit	J	F	M	A	M	J	J	A	S	O	N	D
Raupen	J	F	M	A	M	J	J	A	S	O	N	D

42. Seideneulchen
Rivula sericealis

Grundfarbe der seidig glänzenden Vorderflügel hell ockerfarben, gelblich gefärbt, nach unten ins dunklere verlaufend mit je einem dunklen, doppelt schwarz gekernten Nierenfleck. Spannweite bis über 2 cm. Flugzeit: in zwei bis drei Generationen von Mai bis Oktober in lichten Wäldern, Feuchtwiesen, an Böschungen und Dämmen. Raupe von Mai bis Juli und August bis Oktober an verschiedenen Gräsern wie Zwenke.

Flugzeit	J	F	M	A	M	J	J	A	S	O	N	D
Raupen	J	F	M	A	M	J	J	A	S	O	N	D

41

41

42

43. Blaues Ordensband
Catocala fraxini

Sehr großer Falter mit einer Spannweite bis 11 cm. Grundfarbe der Vorderflügel hellgrau mit dunkelgrauen und braun gesäumten Zackenbinden und hellem Fleck in der Mitte der Vorderflügel. Hinterflügel schwarz mit hellblauer Binde in Form eines Bogens. Flugzeit: in einer Generation von Mitte Juli bis Oktober an Rändern feuchter Au- und Laubwälder, Gehölzen an Flussufern und Teichen, auch manchmal in Gärten und Parks. Raupe Anfang Mai bis Ende Juni an Pappelarten wie Zitterpappel. Nicht häufig. RL V.

Flugzeit	J	F	M	A	M	J	J	A	S	O	N	D
Raupen	J	F	M	A	M	J	J	A	S	O	N	D

44. Rotes Ordensband
Catocala nupta

Grundfarbe der Vorderflügel hellgrau, ähnlich dem Blauen Ordensband. Hinterflügel rot mit schwarzer, gezackter Querbinde und schwarzer Saumbinde. Spannweite bis 8,4 cm Flugzeit: in einer Generation von Juli bis Oktober an Rändern von feuchten Laub- und Mischwäldern, Gärten und Parks. Raupe von Mai bis Juni an Weiden- und Pappelarten wie Korbweide und Zitterpappel.

Flugzeit	J	F	M	A	M	J	J	A	S	O	N	D
Raupen	J	F	M	A	M	J	J	A	S	O	N	D

43

43

43

44

45. Gelbes Ordensband
Catocala fulminea

Vorderflügel mit kontrastreicher, hellgrauer bis dunkelbrauner Färbung und schwarzem Zackenband. Hinterflügel gelb mit schwarzer, bogenförmiger Binde und breiter schwarzer Saumbinde. Spannweite bis über 5 cm. Flugzeit: in einer Generation von April bis Juli an den Rändern warmer, lichter Laubwälder, Steppenheiden, Heckenbereichen, Halbtrockenrasen, Steinbrüchen und gebüschreichen Arealen, Parks und Gärten. Raupe von April bis Juli an Schlehe. RL 2.

Flugzeit	J	F	M	A	M	J	J	A	S	O	N	D
Raupen	J	F	M	A	M	J	J	A	S	O	N	D

45

45

45

Wurzelbohrer *Hepialidae*

1. Hopfenwurzelbohrer
Hepialus humuli

Männchen und Weibchen in Größe und Färbung sehr unterschiedlich. Grundfarbe beim Männchen weiß mit gelblich braun behaarter Brust und Kopf. Weibchen gelbbraun mit rötlich braunen, geschwungenen Bändern und Flecken. Spannweite bis zu 7,5 cm. Flugzeit: in einer Generation von Mai bis August auf Wiesen in Flussauen, Waldlichtungen, Parks und Gärten. Raupe von August bis April des Folgejahres an Wurzeln von Löwenzahn, Ampfer, Hopfen, Huflattich und anderen.

Flugzeit	J	F	M	A	M	J	J	A	S	O	N	D
Raupen	J	F	M	A	M	J	J	A	S	O	N	D

2. Ampferwurzelbohrer
Triodia sylvina

Grundfarbe der Vorderflügel beim Männchen gelbbraun, beim Weibchen graubraun bis dunkelbraun mit weißen, V-förmig verlaufenden Linien und hellem äußerem Saum. Spannweite abhängig vom Geschlecht bis zu 4,5 cm. Flugzeit: in einer Generation von Ende Juli bis Anfang August in Wiesen, an Waldrändern, auf Lichtungen sowie Bereichen zwischen Hecken und Gebüschen. Die Raupen bohren sich in die Wurzeln von Wegerich, Ampfer, Wilde Möhre und andere Pflanzen, von September bis Juni des Folgejahres oder auch ein weiteres Jahr überliegend.

Flugzeit	J	F	M	A	M	J	J	A	S	O	N	D
Raupen	J	F	M	A	M	J	J	A	S	O	N	D

1

1

2

Glucken *Lasiocampidae*

1. Kleine Pappelglucke
Poecilocampa populi

Vorderflügel dunkelbraun, rötlich braun bis fast schwarz mit zwei hellgelben gewellten Querlinien. Flügelsaum gezähnt. Körper stark behaart. Spannweite bis 4,5 cm. Flugzeit: in einer Generation sehr spät von Oktober bis Ende November in lichten Wäldern, Gärten und Parks. Raupe von Ende April bis Mitte Juni an verschiedenen Laubhölzern wie Pappel, Eiche, Esche, Buche und anderen.

Flugzeit	J	F	M	A	M	J	J	A	S	**O**	**N**	D
Raupen	J	F	M	**A**	**M**	**J**	J	A	S	O	N	D

2. Grasglucke, Trinkerin
Euthrix potatoria

Variabel in der Grundfärbung, gelbbraun bis rotbraun mit zwei dunkleren Querlinien und je zwei weißen Makeln. Die Weibchen oft dunkler. Spannweite bis 6,5 cm. Flugzeit: in einer Generation von Juni bis Ende August in lichten Wäldern, Schilfbereichen und Feuchtwiesen. Raupe von August, mit Überwinterung, bis Mitte Juni des folgenden Jahres an verschiedenen Gräsern und Schilfrohr.

Flugzeit	J	F	M	A	M	**J**	**J**	**A**	S	O	N	D
Raupen	**J**	**F**	**M**	**A**	**M**	**J**	J	**A**	**S**	**O**	**N**	**D**

1

2

2

3. Kleespinner
Lasiocampa trifolii

Vorderflügel rot- bis ockerbraun, beim Männchen mit gelber, gewellter Querlinie und weißem, dunkler umrandeten Fleck. Rücken stark braun behaart. Spannweite bis 6,7 cm. Flugzeit: in einer Generation von Juli bis Anfang September in Trockenrasen, Klee- und Luzernefeldern und auf Weiden. Raupe kann schon ab September erscheinen und überwintern. Meist schlüpfen die Raupen aber erst im Frühjahr aus den Eiern und leben dann von Mai bis Juni an einer ganzen Reihe von Pflanzen wie Hauhechel, Esparsette, Weißklee, Besenginster und anderen.

Flugzeit	J	F	M	A	M	J	J	A	S	O	N	D
Raupen	J	F	M	A	M	J	J	A	S	O	N	D

4. Kiefernspinner
Dendrolimus pini

Vorderflügel hellgrau bis rotbraun variabel mit drei mehr oder weniger deutlichen dunklen, gewellten Querlinien, einem hellbraunen Band und je einem weißen Punkt. Spannweite bis 8 cm. Flugzeit: in einer Generation von Mai bis August in Kiefernwäldern und anderen Nadelwäldern. Raupe von Mitte September bis Juni des folgenden Jahres an Kieferarten, Fichte und Tanne.

Flugzeit	J	F	M	A	M	J	J	A	S	O	N	D
Raupen	J	F	M	A	M	J	J	A	S	O	N	D

3

3

4

4

5. Eichenspinner
Lasiocampa quercus

Variable dunkel- bis rotbraune Grundfärbung mit gelber Querbinde auf Vorderflügel und Hinterflügel und je einem weißen Fleck auf dem Vorderflügel. Weibchen heller und größer mit undeutlicherer Zeichnung. Spannweite bis 7,5 cm. Flugzeit: in einer Generation von Juni bis August in lichten Wäldern und Moorbereichen. Raupen erscheinen ab August, überwintern und fressen bis zur Verpuppung im Mai des folgenden Jahres an Brombeere, Schlehe, Besenginster, Heidelbeere und anderen. RL V.

Flugzeit	J	F	M	A	M	**J**	**J**	**A**	S	O	N	D
Raupen	**J**	**F**	**M**	**A**	**M**	J	J	**A**	**S**	**O**	**N**	**D**

6. Kupferglucke
Gastropacha quercifolia

Grundfärbung dunkelbraun, graubraun bis rotbraun. Vorderflügel an Rändern stark gezackt mit dunklen Wellenlinien quer zur sich bräunlich abhebenden Längsaderung. Spannweite bis 6,5 cm. Flugzeit: in einer Generation von Mitte Juni bis August in lockeren, lichten Laubwäldern, Streuobstwiesen, verbuschten Trockenrasen und Feldhecken. Raupe von März bis Anfang Juni an Laubhölzern wie Schlehe, Apfelbaum, Birne, Weißdorn und anderen. RL 3.

Flugzeit	J	F	M	A	M	**J**	**J**	**A**	S	O	N	D
Raupen	J	F	**M**	**A**	**M**	**J**	J	A	S	O	N	D

5

5

6

6

7. Brombeerspinner
Macrothylacia rubi

Vorderflügel beim Männchen gelbbraun, graubraun oder rotbraun mit zwei gelben Querlinien, Hinterflügel ohne Zeichnung. Spannweite bis 6,5 cm. Flugzeit: in einer Generation von Mai bis Mitte Juli auf Trockenrasen, Wiesen, Waldrändern in Waldlichtungen, an Dämmen und auch in Mooren. Die Raupe ernährt sich von einer Vielfalt von Pflanzen und Sträuchern wie Schlehe, Himbeere, Wiesenknopf, Wegerich, Sonnenröschen und anderen, Mitte Juni (mit Überwinterung) bis zur Verpuppung Mitte Mai des folgenden Jahres.

Flugzeit	J	F	M	A	M	J	J	A	S	O	N	D
Raupen	J	F	M	A	M	J	J	A	S	O	N	D

8. Ringelspinner
Malacosoma neustria

Die variable Färbung reicht von hellgelbbraun, rotbraun bis dunkelbraun, mit einem oft dunkleren, mittigen Querband, von hellen oder dunklen Linien begrenzt. Spannweite bis 4 cm. Flugzeit: nachtaktiv in einer Generation von Juni bis August in lichten Wäldern, Hecken, Gebüschen und Streuobstwiesen. Raupe von Mitte April bis Juli an einer Vielfalt von Pflanzen, von Schlehe über Weißdorn, Hainbuche, Eiche, Birne bis zum Apfelbaum und anderen.

Flugzeit	J	F	M	A	M	J	J	A	S	O	N	D
Raupen	J	F	M	A	M	J	J	A	S	O	N	D

7

7

8

8

Zahnspinner *Notodontidae*

1. Kleiner Raufußspinner
Clostera pigra

Vorderflügeloberseite hell bräunlich-grau, auf der Rückenseite der Brust und am Außenrand der Flügel bräunlich-rot. Die Vorderflügel zeigen einige weiße Querbinden und einen rötlich-braunen Fleck am Außenrand. Am Hinterleibsende ragt ein schwanzartiger, behaarter Fortsatz zwischen den Flügelenden hervor. Spannweite bis 2,8 cm. Flugzeit: in zwei Generationen von April bis August in verschiedenen Lebensräumen wie Waldlichtungen und -rändern von Auwäldern, Moore, Gehölze an Flüssen und Gewässern. Raupe von Juni bis Juli und September bis Oktober an Pappel, Weide und Espe.

Flugzeit	J	F	M	A	M	J	J	A	S	O	N	D
Raupen	J	F	M	A	M	J	J	A	S	O	N	D

2. Pappel-Zahnspinner
Pheosia tremula

Grundfarbe der Vorderflügel weißlich-grau, am Vorderrand der Flügel zwei schwarze, keilförmige Flecken, entlang der Flügelhinterränder ein langes dunkles Band. Drei weiße Keile weisen vom Hinterrand der Flügel nach vorne. Im Unterschied zum **Pappel-Zahnspinner** hat der **Birken-Zahnspinner** *Pheosia gnoma* (Foto rechts unten) nur einen weißlichen Keilfleck im dunklen Streifen entlang des Hinterrands der Vorderflügel. Spannweite bis 5,5 cm. Flugzeit: in zwei Generationen von April bis Juli in lichten Wäldern, an Waldrändern und in Parks. Raupe von Mai bis Juli und September bis Oktober an Pappel und Weide.

Flugzeit	J	F	M	A	M	J	J	A	S	O	N	D
Raupen	J	F	M	A	M	J	J	A	S	O	N	D

1

1

2

2

3. Kamelspinner
Ptilodon capucina

Eine kapuzenartige Behaarung hinter dem Kopf, die an einen Kamelhöcker erinnert und oben hellgelb gefärbt ist, gibt den Namen. Flügel gelb- bis rotbraun mit zwei dunklen, gezackten Querlinien. Ein weiterer schwarzer Zacken aus Haaren in der Mitte der Innenkannten der Vorderflügel. Spannweite bis 4,5 cm. Flugzeit: in zwei Generationen April bis Ende August an Laubwaldrändern, Alleen, in Parkanlagen und Gärten. Raupe von Juni bis Oktober an verschiedenen Laubgehölzen wie Rotbuche, Hängebirke, Stieleiche, Zitterpappel, Haselnuss, Salweide und anderen.

Flugzeit	J	F	M	A	M	J	J	A	S	O	N	D
Raupen	J	F	M	A	M	J	J	A	S	O	N	D

4. Ahornspinner
Ptilodon cucullina

Ähnelt dem Kamelspinner mit zwei weißlich, hellgrauen Flecken an der ansonsten gelbbraunen bis rotbraunen, Vorderflügelaußenseite. Spannweite bis 4 cm. Flugzeit: in ein bis zwei Generationen von Mai bis Ende August in Laubmischwäldern, Feldgehölzen, Parks und Gärten. Raupen von Juli bis Mitte September an Ahornen wie Feldahorn oder Bergahorn.

Flugzeit	J	F	M	A	M	J	J	A	S	O	N	D
Raupen	J	F	M	A	M	J	J	A	S	O	N	D

3

3

4

4

5. Zickzackspinner
Notodonta zickzack

Von hellgrau am Vorderflügelvorderrand in hellbraun übergehend. Ein dunkelbrauner Bogenfleck in der Mitte begrenzt ein dunkelgraues Feld. Spannweite bis ca. 5 cm. Flugzeit: in zwei Generationen von Mitte April bis September in Wäldern in der Gebüschzone, an Lichtungen und Waldwegen (nachtaktiv). Raupe von Juni bis Juli und August bis September an Zitterpappel, Salweide, Haselnuss und weiteren Laubgehölzen.

Flugzeit	J	F	M	A	M	J	J	A	S	O	N	D
Raupen	J	F	M	A	M	J	J	A	S	O	N	D

6. Mondvogel, Mondfleck
Phalera bucephala

Der Falter hat eine ungewöhnliche Körperform, vorne ähnelt er einem abgebrochenen Ast. Die Grundfärbung ist silbrig grau mit dunkelbraunen und rotbraunen, wellenförmigen Querlinien und einem großen, runden, gelben Fleck am Außenrand der Vorderflügel. Spannweite bis 6,5 cm. Flugzeit: in einer Generation von Mai bis August in Laubwäldern, Gebüschen, Gärten und Parkanlagen. Raupe von Juli bis September an vielen verschiedenen Laubgehölzen wie Hängebirke, Salweide, Winterlinde, Rotbuche, Zitterpappel und anderen.

Flugzeit	J	F	M	A	M	J	J	A	S	O	N	D
Raupen	J	F	M	A	M	J	J	A	S	O	N	D

5

5

6

6

7. Palpenspinner
Pterostoma palpina

Kiefertaster sehr lang, vorgestreckt und stark behaart. Grundfarbe gelblich braun mit mehr oder weniger sichtbaren, schmalen, dunklen Linien und Zickzackbändern. Behaarte, sägezahnartige Shuppenkämme sitzen am oberen Rand der Vorderflügel. Spannweite bis über 5 cm. Flugzeit: in zwei Generationen von April bis August in lichten Wäldern, an Waldrändern, in Kiesgruben, und Gärten. Raupe von Juni bis Juli und August bis Oktober an Pappeln und Weiden.

Flugzeit	J	F	M	A	M	J	J	A	S	O	N	D
Raupen	J	F	M	A	M	J	J	A	S	O	N	D

8. Dromedarspinner
Notodonta dromedarius

Vorderflügel graubraun mit dunkleren, gewellten Querbinden und rötlichbrauner bis gelber Fleckenzeichnung. Spannweite bis 4,5 cm. Flugzeit: in zwei Generationen von April bis Ende August an Waldrändern, in Heiden, Mooren und auch im Siedlungsbereich. Raupe von Juni bis Juli und August bis September an Hängebirke, Schwarzerle, Pappel und Weide.

Flugzeit	J	F	M	A	M	J	J	A	S	O	N	D
Raupen	J	F	M	A	M	J	J	A	S	O	N	D

7

7

8

8

9. Buchenspinner
Stauropus fagi

Vorderflügel graubraun mit durch hellere Wellenlinien abgesetztem dunklerem Band und dunklen Flecken zum Flügelaußenrand zwischen den Längsadern. Mit ihren zu langen, dünnen Beinen umgewandelten Brustfüßen sehen die braunen Raupen Ameisen ähnlich. Spannweite bis 6,5 cm. Flugzeit: in wahrscheinlich ein bis zwei Generationen von April bis Ende August in Buchen- und Mischwäldern, auch Gärten und Parks. Raupen von Juni bis Oktober an verschiedensten Laubgehölzen wie Rotbuche, Stieleiche, Hängebirke, Haselnuss und anderen.

Flugzeit	J	F	M	A	M	J	J	A	S	O	N	D
Raupen	J	F	M	A	M	J	J	A	S	O	N	D

10. Großer Gabelschwanz
Cerura vinula

Grundfarbe weiß- bis hellgrau mit schwarzen Bogen- und Wellenlinien und hellbrauner Färbung der Längsaderung auf den Vorderflügeln. Hinterflügel ohne Fleck im Innenwinkel, oft mit dunklen Saumflecken. Spannweite bis 7,5 cm. Flugzeit: in einer Generation von April bis Ende Juli an Waldrändern, auf Waldlichtungen, in Auen mit Weidenbestand und in Kiesgruben. Die auffällige grüne Raupe mit den beiden Schwanzgabeln und dem an ein Gesicht erinnernden, rot umrandeten Kopf lebt von Juni bis September an Pappeln und Weiden. RL V

Flugzeit	J	F	M	A	M	J	J	A	S	O	N	D
Raupen	J	F	M	A	M	J	J	A	S	O	N	D

9

9

10

10

Schneckenspinner *Limacodidae*

1. Großer Schneckenspinner
Apoda limacodes

Spannweite bis 3 cm. Vorderflügel beim Männchen hellbraun, beim Weibchen ockerbraun mit einem durch zwei dunkle Linien begrenzten, dunkleren Querband und je einem helleren Fleck am Innen- und am Außenrand. Flugzeit: in einer Generation von Mitte Mai bis Mitte August in Laubmischwäldern, Eichenmischwäldern und Eichenbeständen auch im Siedlungsbereich. Raupe von Juli bis September an Eichenarten, Rotbuche, Hainbuche, Bergahorn.

Flugzeit	J	F	M	A	M	J	J	A	S	O	N	D
Raupen	J	F	M	A	M	J	J	A	S	O	N	D

2. Kleiner Schneckenspinner
Heterogenea asella

Mit bis zu 2 cm Spannweite sehr viel kleiner als Große Schneckenspinner. Flügelfärbung hell- bis gelblichbraun mit am Vorderrand dreieckig gebogenen Vorderflügeln. Flugzeit: in einer Generation von Ende Mai bis August in lichten Wäldern, an Waldrändern und in Lichtungen. Die Raupe frisst von August bis September an verschiedenen Laubhölzern wie Hasel, Walnuss, Buche, Birke, Hainbuche, Ulme und anderen Laubbaumarten.

Flugzeit	J	F	M	A	M	J	J	A	S	O	N	D
Raupen	J	F	M	A	M	J	J	A	S	O	N	D

2

Prozessionsspinner *Thaumetopoeidae*

1. Eichenprozessionsspinner *Thaumetopoea processionea*

Vorderflügel hellgrau bis braungrau mit einem dunklen, undeutlichen Querband. Hinterflügel gelblichweiß, dunkel gefranst. Fühler doppelt gekämmt und beim Männchen größer. Spannweite bis zu 3,5 cm. Flugzeit: in einer Generation von Juli bis Anfang September überall, wo Eichenbestände und auch nur Einzelbäume vorhanden sind. Raupe von Ende April bis Anfang Juli an Eichenlaub. Der Falter neigt zur Massenvermehrung und kann bei Hautkontakt mit den Brennhaaren der Raupe zu massiven, allergischen Reaktionen, Hautausschlägen und Schleimhautreizungen führen. Die Haare lösen sich und können sich in der Luft verteilen, was zusätzlich zu Problemen beim Einatmen führen kann. Eine Bekämpfung ist nur sinnvoll, wo eine Gefahr für Menschen durch den Kontakt entstehen kann, beispielsweise im Siedlungsbereich.

Flugzeit	J	F	M	A	M	J	J	A	S	O	N	D
Raupen	J	F	M	A	M	J	J	A	S	O	N	D

2. Kiefernprozessionsspinner *Thaumetopoea pinivora*

Vorderflügel hellgrau mit schmalen, dunklen Querbinden und je einem dunklen Fleck in der Flügelmitte. Hinterflügel ohne Querlinie. Spannweite bis zu 4,5 cm. Flugzeit: in einer Generation von Juli bis August in trockenen Kiefernwäldern. Raupe von Ende April bis Juli, bevorzugt an Kiefernarten. In Deutschland nur im Nordosten.

Flugzeit	J	F	M	A	M	J	J	A	S	O	N	D
Raupen	J	F	M	A	M	J	J	A	S	O	N	D

1

1

2

2

Pfauenspinner *Saturniidae*

1. Nagelfleck
Aglia tau

Falter ockergelb bis orangebraun mit einer dunklen Binde am Flügelsaum und einem blauen, schwarz umrandeten Augenfleck, der in der Mitte einen weißen, einem Nagel ähnelnden Fleck trägt. Spannweite bis 8,5 cm. Flugzeit: in einer Generation von Ende März bis Anfang Juni, in Buchenwäldern und anderen Laubwäldern mit Buchenanteilen. Raupe von Ende Mai bis August hauptsächlich an Buche, vereinzelt auch an Eiche und Weide und andere Laubgehölze.

Flugzeit	J	F	M	A	M	J	J	A	S	O	N	D
Raupen	J	F	M	A	M	J	J	A	S	O	N	D

2. Kleines Nachtpfauenauge
Saturnia pavonia

Vorderflügelgrundfarbe beim Männchen graubraun bis rotbraun mit weißen Flecken auf Vorder- und Hinterflügeln, von denen je ein Augenfleck umschlossen wird. Zwei helle, dunkel gesäumte Wellenlinien ziehen sich quer über Vorder- und Hinterflügel. Geschlechtsdimorphismus, Männchen kleiner als Weibchen und mit dunkel gesäumten, gelben Hinterflügeln, auf denen sich jeweils auch ein Augenfleck befindet. Flügelspannweite bis 8,5 cm. Flugzeit: in einer Generation von Mitte März bis Mitte Mai auf Trockenrasen, in Heiden und lichten Wäldern. Raupe von Mai bis August an verschiedenen Pflanzen wie Schlehe, Weide, Heidelbeere, Mädesüß, Besenheide und anderen.

Flugzeit	J	F	M	A	M	J	J	A	S	O	N	D
Raupen	J	F	M	A	M	J	J	A	S	O	N	D

1

1

2

2

Birkenspinner *Endromidae*

1. Birkenspinner
Endromis versicolora

Flügelgrundfarbe braun mit einem lebhaften Zeichnungsmuster aus rötlich braunen und weißen Elementen, Bändern und schwarzen Querlinien, Bogen und Winkellinien. Die Fühler beim Männchen sind breit, doppelt gekämmt und die Hinterflügel gelb mit einer dunklen Querlinie. Spannweite bis zu 9 cm. Flugzeit: in einer Generation von März bis Anfang Mai in Wäldern mit Birkenanteil, an Rändern von Mooren und in Heiden mit Birkenaufwuchs. Raupe von Ende April bis Juni hauptsächlich an Birken und einigen weiteren Laubgehölze wie Linden und Ulmen. RL V.

Flugzeit	J	F	M	A	M	J	J	A	S	O	N	D
Raupen	J	F	M	A	M	J	J	A	S	O	N	D

1

1

1

Blaukopf-Eulenspinner

Noctuidae/Dilobinae

1. Blaukopf
Diloba caeruleocephala

Grau bis rötlich braun mit zwei großen weißen bis gelblichen, ineinander übergehenden Makeln, die einer Acht ähneln und von zwei dunklen Linien quer über die Vorderflügel eingeschlossen werden. Spannweite bis 4 cm. Flugzeit: in einer Generation von September bis Anfang November an Waldrändern, Feldgehölzen, Streuobstwiesen und Gebüschen. Raupe von April bis Juni an Schlehe, Apfelbaum, Weißdorn und anderen Laubhölzern.

Flugzeit	J	F	M	A	M	J	J	A	S	O	N	D
Raupen	J	F	M	A	M	J	J	A	S	O	N	D

1

1

Trägspinner *Lymantriidae*

1. Buchen-Streckfuß, Rotschwanz
Calliteara pudibunda

Vorderflügel hellbraun bis graubraun mit zwei dunklen Querlinien, die ein verdunkeltes Mittelband einschließen. Oft kommen auch einheitlich grau gezeichnete Exemplare vor. Der Falter streckt seine pelzigen Vorderbeine nach vorne, daher der Name. Spannweite bis zu 6,5 cm. Flugzeit: in einer Generation von April bis Ende Juli in Laubmischwäldern, Hecken, Parks und Gärten mit Buchenanteil. Raupe von Juli bis Oktober an einer ganzen Reihe von Laubhölzern wie Weide, Buche, Eiche, Hasel und anderen Bäumen und Sträuchern.

Flugzeit	J	F	M	A	M	J	J	A	S	O	N	D
Raupen	J	F	M	A	M	J	J	A	S	O	N	D

2. Schlehen-Bürstenspinner
Orgyia antiqua

Geschlechter stark unterschiedlich. Männchen mit rostbrauner Grundfärbung und je einem weißen Fleck auf den Vorderflügeln. Weibchen mit übergroßem, sackförmigem Körper ohne Flügel (s. S. 14). Spannweite bis zu 3 cm. Flugzeit: in ein bis zwei Generationen von Ende Mai bis Oktober auf Waldlichtungen, an Wald- und Heckenrändern und auch in Gärten. Raupe von Ende März und Juli bis September an vielen verschiedenen Laubhölzern wie Schlehe, Brombeere, Weißdorn, Weide und weiteren Arten.

Flugzeit	J	F	M	A	M	J	J	A	S	O	N	D
Raupen	J	F	M	A	M	J	J	A	S	O	N	D

1

1

2

2

3. Schwan
Sphrageidus (Euproctis) similis

Grundfarbe glänzend weiß mit borstenartiger Behaarung und oft je zwei dunkelgrauen oder schwarzen Flecken am Innenwinkel der Vorderflügel. Am Hinterleibsende gelborange. Spannweite bis zu 3,5 cm. Flugzeit: in einer Generation von Juni bis Ende August in lichten Laubwäldern, Auwäldern und auch Gärten. Raupe von September bis Mai des Folgejahres an Laubhölzern wie Weide, Eiche, Schlehe, Apfel und anderen Bäumen und Sträuchern.

Flugzeit	J	F	M	A	M	J	J	A	S	O	N	D
Raupen	J	F	M	A	M	J	J	A	S	O	N	D

4. Nonnenfalter
Lymantria monacha

Vorderflügel weiß oder braun mit charakteristischen Wellen und Zackenlinien. Manchmal treten auch Falter mit dunklen Flächen oder fast schwarze Exemplare auf. Spannweite bis zu 5,5 cm. Flugzeit: in einer Generation von Mai bis Anfang September in Nadelwäldern, Kiefern- und Fichtenmonokulturen und Laubmischwäldern. Raupe von Oktober bis zur Überwinterung und wieder ab April bis Juni bevorzugt an Nadelhölzern wie Fichte, Kiefer und Tanne, aber auch an einigen Laubbäumen wie Buche, Eiche, Pappel und anderen.

Flugzeit	J	F	M	A	M	J	J	A	S	O	N	D
Raupen	J	F	M	A	M	J	J	A	S	O	N	D

3

3

4

4

5. Schwammspinner
Lymantria dispar

Geschlechter verschieden. Männchen bräunlich mit quer verlaufenden Wellenlinien, dunkelbraunen Querbinden und großen gefiederten Fühlern. Weibchen größer, mit weißen bis gelblichweißen Flügeln und quer verlaufenden dunklen, gezackten Linien. Spannweite bis zu 7 cm. Flugzeit: in ein bis zwei Generationen von Mai bis September in lichten Laubwäldern mit Eichenanteil und auch im Siedlungsbereich. Raupe von April bis Juni an Laubgehölzen wie Eiche, Weide, Pappel, Weißdorn und anderen Bäumen und Sträuchern. Die Falter neigen in wärmeren Sommern zur Massenvermehrung, werden jedoch in der nächsten Generation durch Parasiten meist schnell wieder eingedämmt. Eine Bekämpfung ist oft nicht nötig und auch sehr umstritten, da durch den Einsatz von Häutungshemmern wie Dimilin oft auch andere, seltene Schmetterlingsarten massiv geschädigt oder ganz vernichtet werden können.

Flugzeit	J	F	M	A	M	J	J	A	S	O	N	D
Raupen	J	F	M	A	M	J	J	A	S	O	N	D

5

5

5

Widderchen *Zygaenidae*

1. Sonnenröschen-Grünwidderchen *Adscita geryon*

Vorderflügel metallisch glänzend grün. Hinterflügel grauschwarz. Spannweite bis zu 2,5 cm. Flugzeit: in einer Generation von Juni bis Anfang August in warmen Trockenrasen, Kalkmagerrasen und alpinen Matten (tagaktiv). Raupe miniert von August bis zur Überwinterung hauptsächlich an Gemeinem Sonnenröschen und verpuppt sich im Mai des Folgejahres . RL 3.

Flugzeit	J	F	M	A	M	J	J	A	S	O	N	D
Raupen	J	F	M	A	M	J	J	A	S	O	N	D

2. Esparsetten-Widderchen *Zygaena carniolica*

Vorderflügel schwarz mit sechs weißlich umrandeten, roten Flecken. Hinterflügel rot mit schwarzem Saum. Spannweite bis über 3 cm. Flugzeit: in einer Generation von Juni bis August auf trocken-warmen Magerrasen, mageren Berghängen und Waldlichtungen. Raupe von August bis Juni des Folgejahres an Schmetterlingsblütlern wie Esparsette oder Hornklee. RL 3.

Flugzeit	J	F	M	A	M	J	J	A	S	O	N	D
Raupen	J	F	M	A	M	J	J	A	S	O	N	D

3. Bergkronwicken-Widderchen *Zygaena fausta*

Schönstes und farbenprächtigstes, heimisches Widderchen. Vorderflügel mit rotem, gelb umrandetem Fleckenmuster auf schwarz, am Hinterleib breiter. Ein roter Ring am Hals macht es unverwechselbar. Spannweite bis 2,5 cm. Flugzeit: in einer Generation von Juli bis August auf warmen, trockenen Magerrasen, südlichen Felshängen an Waldrändern und auf Lichtungen. Raupe von Ende August bis zur Überwinterung und danach wieder bis Juni des Folgejahres an Bergkronenwicke. In Deutschland nur an wenigen Stellen im Süden, sehr selten. RL 2.

Flugzeit	J	F	M	A	M	J	J	A	S	O	N	D
Raupen	J	F	M	A	M	J	J	A	S	O	N	D

1

2

3

4. Thymian-Widderchen
Zygaena purpuralis

Drei rote, längliche Flecken auf schwarzem, grünlich schimmerndem Grund. Die zwei vorderen Flecken scheinen an der Flügelwurzel zu verschmelzen. Der mittlere ist in Form eines Beiles erweitert. Weibchen besitzen zusätzlich ein weißes Halsband. Das Widderchen ist nur durch Genitaluntersuchung sicher vom verwechselbaren Bibernellwidderchen *Zygaena minos* zu unterscheiden. Spannweite bis 3,5 cm. Flugzeit: in einer Generation von Anfang Juni bis Anfang August auf Trocken- und Magerrasen auf Kalkböden und Bergmatten. Raupe von August bis zur Überwinterung, die auch zweimal erfolgen kann, und dann bis Juni des Folgejahres an verschiedenen Thymianarten. RL 3.

Flugzeit	J	F	M	A	M	J	J	A	S	O	N	D
Raupen	J	F	M	A	M	J	J	A	S	O	N	D

5. Platterbsenwidderchen
Zygaena osterodensis

Drei rote, lang gezogene Streifen auf den sehr schmalen, schwarzen bis dunkelgrauen Vorderflügeln, ähnlich dem Thymian-Widderchen. Der mittlere Streifen ist ohne beilförmige Ausbildung, eher keulenförmig. Hinterflügel rot mit schwarzem Saum. Spannweite bis 3,2 cm. Flugzeit: in einer Generation von Anfang Juni bis Juli. Raupe lebt 2–5 Jahre ab August bis Juni an Platterbsen und Wickenarten. Eine Ausnahme unter den Widderchenarten lebt das Platterbsenwidderchen als einziges in lichten, warmen Laubwäldern, an Waldrändern und mit Kräutern bewachsenen Ränder von Waldwegen. RL 2.

Flugzeit	J	F	M	A	M	J	J	A	S	O	N	D
Raupen	J	F	M	A	M	J	J	A	S	O	N	D

4

4

5

6. Veränderliches Widderchen
Zygaena ephialtes

Wie der Name schon andeutet, sehr variabel mit meist fünf bis sechs roten, manchmal auch gelben oder weißen Flecken und einem roten oder gelben Ring am Hinterleib. Hinterflügel rot mit schwarzem Saum. Spannweite bis 4 cm. Flugzeit: in einer Generation von Mitte Juni bis August auf Trockenrasen, an Dämmen, Waldrändern und Böschungen. Raupe von September bis zur Überwinterung und dann wieder von Frühjahr bis Juni des Folgejahres an Bunter Kronwicke, Wegerich, Thymian, Ehrenpreis, Hufeisenklee und anderen Kleearten. RL 3.

Flugzeit	J	F	M	A	M	J	J	A	S	O	N	D
Raupen	J	F	M	A	M	J	J	A	S	O	N	D

7. Sechsfleck-Widderchen
Zygaena filipendulae

Vorderflügel schwarz mit sechs roten Flecken, von denen die vorderen beiden dicht zusammenliegen oder sogar miteinander verschmelzen können. Spannweite bis fast 3,8 cm. Flugzeit: in einer Generation von Ende Juni bis Anfang September. Raupe von September mit ein oder auch zweimaligen Überwinterungen und dann wieder von Frühjahr bis Juni des Folgejahres an Hornklee, Strauch-Kronwicke und weiteren Wicken-, Klee- und Esparsettenarten. Diese häufigste Art der Gattung hat keine hohen Ansprüche an ihren Lebensraum und kann überall auf Wiesen, Waldlichtungen, Dämmen, Brachflächen in Parks und Gärten vorkommen.

Flugzeit	J	F	M	A	M	J	J	A	S	O	N	D
Raupen	J	F	M	A	M	J	J	A	S	O	N	D

6

7

7

7

Holzbohrer *Cossidae*

1. Blausieb
Zeuzera pyrina

Grundfarbe weiß. Auf den weißen Vorderflügeln zwischen der Flügeladerung regelmäßig angeordnete, schwarze, bläulich schimmernde Flecken. Körper dicht weiß behaart mit schwarzen Flecken. Schwarze Beine. Spannweite bis 6 cm. Männchen mit 1,6 cm wesentlich kleiner. Flugzeit: in einer Generation von Juni bis Anfang September an Waldrändern, in Streuobstwiesen sowie Obstplantagen und Gärten. Die Raupe bohrt sich ins Holz, ernährt sich ab August von einer Reihe von Laubgehölzen wie Buche, Apfel, Esche und anderen Baumarten und verpuppt nach zweijähriger Entwicklung im Juni.

Flugzeit	J	F	M	A	M	J	J	A	S	O	N	D
Raupen	J	F	M	A	M	J	J	A	S	O	N	D

2. Weidenbohrer
Cossus cossus

Grundfarbe der Vorderflügel hellgraubraun mit dunkelbrauner bis schwarzer Marmorierung. Spannweite bis 8 cm. Flugzeit: in einer Generation von Ende Mai bis August in Auwäldern, an Gewässerrändern und auch in Gärten und Parks mit altem Weidenbestand (nachtaktiv). Die Eier werden bevorzugt an der Rinde von Weidenarten abgelegt, von wo sich die Raupe unter die Rinde und später ins Holzinnere bohrt. Im Laufe ihrer mehrjährigen Entwicklung von bis zu vier Jahren wachsen die Raupen bis auf Fingerdicke und erzeugen 2 cm breite Bohrlöcher. Die Weide stirbt dabei meistens ab. Ein essigähnlicher Geruch am Baum, der von den Raupen ausgeht, verrät ihre Anwesenheit. Die Raupen verlassen in der Regel kurz vor der Verpuppung ab Mai den Baum und suchen sich einen geeigneten Platz im Boden zur Verpuppung.

Flugzeit	J	F	M	A	M	J	J	A	S	O	N	D
Raupen	J	F	M	A	M	J	J	A	S	O	N	D

1

2

2

Glasflügler *Sesiidae*

1. Zypressenwolfsmilch-Glasflügler *Chamaesphecia empiformis*

Breite, mit dunkelbrauner bis schwarzer Beschuppung gesäumte und geäderte, durchsichtige, gelb überstäubte Vorder- und Hinterflügel. Hinterleib mit gelben und weißen Ringbinden, am Hinterleibsende auffällige, große, fächerartige bzw. pinselartige Fortsätze. Spannweite bis über 2 cm. Flugzeit: in einer Generation von Ende Mai bis August auf Trockenrasen, Waldlichtungen, Dämmen und Ruderalflächen mit Vorkommen der Zypressenwolfsmilch. Raupe von September bis zur Überwinterung und ab Frühjahr bis in den Mai des Folgejahres ausschließlich an Zypressenwolfsmilch. Sie ist monophag und damit auf diese Pflanzenart angewiesen.

Flugzeit	J	F	M	A	M	J	J	A	S	O	N	D
Raupen	J	F	M	A	M	J	J	A	S	O	N	D

2. Hornissen-Glasflügler *Sesia apiformis*

Größe des Falters und kaum beschuppte, rötlich braun geäderte, durchsichtige Flügel (Glasflügler) erinnern an das Aussehen einer Hornisse. Den Hinterleib umschließen verschieden breite, gelbe Ringe. Auch im Verhalten ahmt der Glasflügler Hornissen nach. Der Falter ist neben dem ähnlichen Großen Weidenglasflügler *Sesia bembeciformis* ein auffälliges Beispiel für Mimikry. Die Nachahmung eines wehrhaften Insekts schützt ihn vor Feinden. Spannweite bis 4,5 cm. Flugzeit: in einer Generation von Ende Mai bis Ende Juli in Auwäldern, an Gewässerufern mit Pappelbeständen. Raupe von August zweimal überwinternd bis Mai im Holz von Pappelarten wie Schwarz- und Zitterpappel, manchmal auch Weiden.

Flugzeit	J	F	M	A	M	J	J	A	S	O	N	D
Raupen	J	F	M	A	M	J	J	A	S	O	N	D

1

2

2

Zünsler *Pyralidae und Crambidae*

1. Brennnesselzünsler
Anania hortulata

Grundfärbung der Flügel weiß. Ein dunkles Fleckenmuster, das sich am Flügelrand zu einer Fleckenreihe verdichtet, überzieht Vorder- und Hinterflügel. Körper am und hinter dem Kopf, am Rücken und am Hinterleib gelb. Spannweite bis zu 3 cm. Flugzeit: in einer langen Generation von Mai bis Mitte September. Raupe ab August bis zur Überwinterung und wieder bis zur Verpuppung im Mai des Folgejahres an Brennnessel, Minze, Ziest, Johannisbeere und anderen. Hält sich in eingerollten Blättern auf. Der Falter stellt wenig Ansprüche an den Lebensraum und kann überall vorkommen in lichten Wäldern, an Wald- und Wegrändern, auf Ruderal- und Brachflächen, in Gärten und im Siedlungsbereich wo die Futterpflanzen vorhanden sind.

Flugzeit	J	F	M	A	M	J	J	A	S	O	N	D
Raupen	J	F	M	A	M	J	J	A	S	O	N	D

2. Fruchtzünsler
Oncocera semirubella

Vorderflügel von der Basis ausgehend gelbbraun und zu den Außenseiten rot. Es gibt auch nicht rote Formen. Spannweite bis zu 2,8 cm. Flugzeit: in einer bis zwei Generation von Mai bis September auf Wiesen, Trockenrasen, Dämmen, Böschungen und an trockenen, warmen Waldrändern, auch auf Ruderal- und Kulturflächen. Raupen August bis zur Überwinterung und ab Frühjahr bis Juni des Folgejahres an Luzerne, Kleearten, Hornklee und Hauhechel.

Flugzeit	J	F	M	A	M	J	J	A	S	O	N	D
Raupen	J	F	M	A	M	J	J	A	S	O	N	D

1

2

2

3. **Goldzünsler,** Purpurzünsler
Pyrausta aurata

Vorderflügel purpurrot bis rotbraun mit einigen variablen, goldgelben Flecken. Hinterflügel schwarz mit gelber Querbinde. Spannweite bis 2 cm. Flugzeit: in zwei Generationen von April bis September auf Wiesen, Weiden, Wald- und Wegränder und Brachflächen, Bachufer und Siedlungsbereiche. Raupe von Juni bis Juli und September mit Überwinterung bis zur Verpuppung im April des Folgejahres an Pflanzen wie Taubnessel, Grüne Minze Majoran oder Wiesensalbei, rollt zu ihrem Schutz die Blätter zusammen und verspinnt sie.

Flugzeit	J	F	M	A	M	J	J	A	S	O	N	D
Raupen	J	F	M	A	M	J	J	A	S	O	N	D

4. **Mehlzünsler**
Pyralis farinalis

Vorderflügel mit rötlichen, dunkelbraunen und hellbraunen Flecken, die durch schmale, weiße Querbänder getrennt sind. Spannweite bis 3 cm. Flugzeit: normalerweise in der freien Natur in einer Generation von Juni bis September, in Gebäuden mehrere Generationen im Jahr möglich. Die Raupe nutzt von September bis Mai des Folgejahres Pflanzensamen von Getreide und Gräsern. Kann im Haus als Vorratsschädling auftreten, z.B. an Mehl und bildet dann oft bis zu fünf Raupengenerationen über das ganze Jahr verteilt aus. Die Falter finden sich häufig in Gebäuden.

Flugzeit	J	F	M	A	M	J	J	A	S	O	N	D
Raupen	J	F	M	A	M	J	J	A	S	O	N	D

3

3

4

5. Nesselzünsler
Pleuroptya ruralis

Vorderflügel glänzend hellbeige bis weiß mit drei dunkleren, verwaschen erscheinenden, wellenförmigen Querlinien. Spannweite bis zu 3,6 cm. Flugzeit: in zwei Generation von Mai bis Juni und Juli bis September in Laub- und Mischwäldern, Nadelwäldern, Hecken, Gebüschen, Parks und Gärten. Raupen der beiden Generationen im Juni und wieder im August an Brennnessel, Gänsefuß, Mädesüß, Melde, Spierstrauch oder Hopfen, deren Blätter sie sich zu einer Röhre zusammen spinnen.

Flugzeit	J	F	M	A	M	J	J	A	S	O	N	D
Raupen	J	F	M	A	M	J	J	A	S	O	N	D

6. Laichkraut-Zünsler, Seerosenzünsler
Elophila nymphaeata

Der Falter hat in der Ruhestellung die Form eines Dreiecks. Flügel weiß mit goldbraunen Bändern, Flecken und Ringmustern. Hinterflügel mit dunklen, geschwungenen Querlinien. Der hintere Randsaum der Flügel ist gelb. Spannweite bis zu 3 cm. Flugzeit: in zwei Generationen von Juni bis Juli und August bis September an stehenden Gewässern, Teichen, Tümpeln und Gräben. Raupen ab September minierend und später in einen Sack aus Pflanzenteilen eingesponnen. Sie bohren sich zur Überwinterung in die Stängel der Pflanzen bis zur Verpuppung ab April des Folgejahres. Sie leben an Blättern von Schwimmblattpflanzen wie Schwimmendem Laichkraut, Seerose, Wasserlinse, Wasserknöterich, Igelkolben und anderen. Die zweite Generation von Raupen tritt ab Juli auf.

Flugzeit	J	F	M	A	M	J	J	A	S	O	N	D
Raupen	J	F	M	A	M	J	J	A	S	O	N	D

5

5

6

7. Wasserlinsenzünsler
Cataclysta lemnata

Vorderflügel beim Männchen weiß, beim Weibchen hellbraun. Hinterflügelrand mit schwarzem Band mit weißen Punkten darin. Flugzeit: in zwei Generationen von Mai bis Oktober am Ufer dichtbewachsener Teiche und Tümpel. Raupen ab August in einem aus Blattstücken selbst gefertigtem, röhrenförmigen Gehäuse oder ausgehöhltem Blattstiel an der Wasseroberfläche durch Kiemenbüschel atmend. Später nach der zweiten Häutung ist die Raupe von einem Luftfilm umgeben. Überwinterung in Schilfrohrstängeln bis zur Verpuppung im Mai des Folgejahres hauptsächlich an Wasserlinse, auch Froschbiss, Teichlinse, Ährigem Tausendblatt, Krebsschere, und anderen.

Flugzeit	J	F	M	A	M	J	J	A	S	O	N	D
Raupen	J	F	M	A	M	J	J	A	S	O	N	D

8. *Catoptria pinella*

Flügel gelblich braun mit einem weißen Keil, der einmal durch einen Steg unterbrochen ist. Spannweite bis 2,4 cm. Flugzeit: in einer Generation von Juni bis Anfang September in lichten Kiefernwäldern, auf Waldlichtungen, Trockenrasen und Heiden (nachtaktiv). Raupe von Mitte August bis zur Überwinterung und bis zur Verpuppung im Juni des Folgejahres an verschiedenen Grasarten.

Flugzeit	J	F	M	A	M	J	J	A	S	O	N	D
Raupen	J	F	M	A	M	J	J	A	S	O	N	D

9. Dörrobstmotte
Plodia interpunctella

Vorderflügel an der Basis hell bis gelblich grau und im hinteren Teil unterbrochen durch zwei dunkelbraune Querlinien, rotbraun bis kupferrot gefärbt. Hinterflügel grau- bis gelbbraun. Spannweite bis zu 2 cm. Die Raupe ist ein Vorratsschädling an Sämereien, Müsli, Mehl, Gewürzen und Schokolade und kann daher im Haus das ganze Jahr über mehrere Generationen ausbilden. Im Freiland findet man nur eine Generation, die keine bestimmten Lebensraumansprüche hat und von Fallobst, Grassamen, trockenen Pflanzenteilen und vielen anderen Nahrungsquellen leben kann. Die Raupen leben in beheizten Räumen das ganze Jahr über, bilden ein Gespinst auf den Nahrungsmitteln und verderben diese. Durch Aufbewahrung der Vorräte in festen, geschlossenen Behältnissen lässt sich Befall vermeiden.

Flugzeit	J	F	M	A	M	J	J	A	S	O	N	D
Raupen	J	F	M	A	M	J	J	A	S	O	N	D

7

8

9

Wickler *Tortricidae*

1. Apfelwickler
Cydia pomonella

Der Apfelwickler ist gut an die Rinde von Apfelbäumen angepasst. Vorderflügel weiß mit graubraunen Wellenstrukturen und einem rotbraunen Fleck am Flügelhinterrand. Spannweite bis 2,2 cm. Flugzeit: in ein bis zwei Generationen von Mai bis Juni und August in Streuobstwiesen, Apfelbaumplantagen, Waldbereichen, Parks und Gärten. Die Raupen fressen in heranreifenden Äpfeln, Birnen, Quitten, Pflaumen, Walnüssen von August bis Herbst und verspinnen sich zur Überwinterung außerhalb der Früchte. Danach bis zur Verpuppung im April und wieder Mai bis Juni.

Flugzeit	J	F	M	A	M	J	J	A	S	O	N	D
Raupen	J	F	M	A	M	J	J	A	S	O	N	D

2. Eichenwickler
Tortrix viridana

Vorderflügel hellgrün, Hinterflügel grau mit weißem Saum. Spannweite bis 2,4 cm. Flugzeit: in einer Generation von Juni bis August in Laubwäldern mit Eichen, Feldgehölzen und Parks mit Eichen. Raupe von Ende April bis Juni an Eichen, und auch anderen Laubbäumen, Heidelbeeren und Brennessel. Neigt zu Massenvermehrung und kann dann die Eichen kahl fressen.

Flugzeit	J	F	M	A	M	J	J	A	S	O	N	D
Raupen	J	F	M	A	M	J	J	A	S	O	N	D

1

1

2

2

3. Pracht-Wickler
Olethreutes arcuella

Sehr schön gefärbt und gezeichnet. Orangegelbe Grundfärbung mit grauen, silbrig erscheinenden Querlinien und schwarzen Flecken. Spannweite bis 2 cm. Flugzeit: in einer Generation von Mai bis August. Der Falter sitzt gerne auf Blättern im Sonnenlicht, an geschützten Stellen an Waldrändern, Waldlichtungen, Gebüsch und Feldgehölzen. Die Raupe nutzt welke Blätter und verrottendes Laub von Laubgehölzen von August bis zur Überwinterung in einem Kokon in der Laubstreuschicht und der Verpuppung im Mai des Folgejahres.

Flugzeit	J	F	M	A	M	J	J	A	S	O	N	D
Raupen	J	F	M	A	M	J	J	A	S	O	N	D

4. Rostfarbener Buchen-Breitflügelwickler
Pandemis heparana

Vorderflügel gelbbraun, netzartig variable Zeichnung durch ein dunkleres, breites Querband unterbrochen, das bei dieser Art noch zusätzlich ausgebuchtet ist. Spannweite bis 2,4 cm. Flugzeit: in zwei Generationen von Juni bis August in lichten Laubwäldern, Parks und Gärten. Die Raupe nutzt ab Juli die Blätter einer Reihe von Laubgehölzen, wie Weide, Apfel, Kirsche, Birke, Heidelbeere, Johannisbeere, in die sie sich zum Schutz einrollt und nach der Überwinterung im Juni des Folgejahres verpuppt.

Flugzeit	J	F	M	A	M	J	J	A	S	O	N	D
Raupen	J	F	M	A	M	J	J	A	S	O	N	D

5. Ahornwickler
Acleris forsskaleana

Vorderflügel gelblich mit rotem bis rotbraunem Gittermuster überzogen. Außerdem sind eine geschwungene, unterschiedlich breite, dunkelbraune Quer- und eine Saumlinie vorhanden. Spannweite bis zu 1,8 cm. Flugzeit: in einer Generation von Juni bis September in Wäldern, Feldgehölzen, Parks und Gärten mit Ahornbäumen (nachtaktiv). Raupe von September bis zur Überwinterung in den Samen und danach bis zur Verpuppung im Juni des Folgejahres an den Blättern von verschiedenen Ahornarten, wo sie sich einrollt.

Flugzeit	J	F	M	A	M	J	J	A	S	O	N	D
Raupen	J	F	M	A	M	J	J	A	S	O	N	D

3

4

5

6. *Ancylis mitterbacheriana*

Färbung der Flügel in verschiedenen gelblichen bis rötlichen Brauntönen mit weißen Flecken in der Mitte und am Hinterende der Vorderflügel. Spannweite bis 1,6 cm. Flugzeit: in einer Generation von Mai bis Juli in lichten Laub- und Mischwäldern, Gehölzen und Parks. Die Raupe nutzt ab Juli die Blätter von Eiche und Buche und spinnt sich das Blatt zu einer Hülle zusammen, in der sie geschützt fressen kann, spinnt sich darin einen Kokon zur Überwinterung und fällt mit dem Blatt zu Boden. Verpuppung im Mai des Folgejahres.

Flugzeit	J	F	M	A	M	J	J	A	S	O	N	D
Raupen	J	F	M	A	M	J	J	A	S	O	N	D

7. **Bärenschotenwickler**
Grapholita gemmiferana

Vorderflügel vorne graubraun, zum Hinterrand gelbbraun mit silbergrauen Querbändern und davon eingeschlossenen, kleinen schwarzen Punkten. Spannweite bis 1,6 cm. Flugzeit: in einer tagaktiven Generation von Mai bis Juni auf Halbtrockenrasen. Raupe von Juli bis September zwischen zusammengesponnenen Blättern von Platterbsenarten. Zur Überwinterung spinnt sie sich im September in einem Kokon in der Laubstreu ein und verpuppt sich im April des folgenden Jahres.

Flugzeit	J	F	M	A	M	J	J	A	S	O	N	D
Raupen	J	F	M	A	M	J	J	A	S	O	N	D

8. *Celypha lacunana*

Vorderflügel gelbbraun bis olivgrün, sehr variabel mit silbergrauen, schwarzbraunen Flecken und unregelmäßigen Bändern. Spannweite bis 1,9 cm. Flugzeit: in zwei Generationen von Mai bis Juli und August bis September auf extensiv genutzten Wiesen, Trockenrasen, Ruderalflächen, Hecken, Gebüschen und Waldlichtungen. Raupe von August bis zur Überwinterung und Verpuppung im Mai und in der zweiten Generation wieder im Juli an Weidenblättern, Birke, Wasserminze, Taubnessel, Brennnessel und vielen anderen.

Flugzeit	J	F	M	A	M	J	J	A	S	O	N	D
Raupen	J	F	M	A	M	J	J	A	S	O	N	D

6

7

8

9. *Aethes hartmanniana*

Hell cremfarbige bis braungraue Grundfärbung der Vorderflügel, durch ein weiß gesäumtes Muster aus rotbraunen Querbändern und Flecken unterbrochen. Durch sein variables Aussehen nicht immer sicher von einer nahe verwandten Art zu unterscheiden. Spannweite bis zu 2,3 cm. Flugzeit: in zwei Generationen von Mai bis Juni und von Juli bis August auf Magerrasen, Geröllhalden, an Wegrändern und Brachflächen. Die Raupe lebt von September bis zur Überwinterung zunächst an den Blättern und dann in den Wurzeln von Witwenblumen und Skabiosen bis zur Verpuppung im April des Folgejahres und in der zweiten Generation von Juni bis Juli.

Flugzeit	J	F	M	A	M	J	J	A	S	O	N	D
Raupen	J	F	M	A	M	J	J	A	S	O	N	D

10. *Epiblema foenella*

Grundfarbe dunkelbraun mit charakteristischer weißer, längs nach unten gerichteter hufeisen- oder sichelförmiger, manchmal auch unterbrochener Zeichnung. An den Flügelenden großer hellgrauer Fleck. Spannweite bis 2 cm. Flugzeit: in einer Generation von Juni bis August auf Trockenrasen, an Hängen, Böschungen und Dämmen, Brachflächen und an Wegrändern. Die Raupe frisst von September bis zur Überwinterung und Verpuppung im April des Folgejahres an der Wurzel und nutzt die Stängel von Beifußgewächsen.

Flugzeit	J	F	M	A	M	J	J	A	S	O	N	D
Raupen	J	F	M	A	M	J	J	A	S	O	N	D

11. *Agapeta zoegana*

Vorderflügel gelb mit rotbrauner kreisförmiger Bänderung am Flügelende und einem markanten Fleck in der Flügelmitte. Spannweite bis 2,5 cm. Flugzeit: in ein bis zwei nachtaktiven Generationen von Mai bis August auf Wiesen, Trockenrasen und Brachflächen. Die Raupe frisst an den Wurzeln von Skabiosen, Witwenblumen, Flockenblumen und anderen Pflanzen von Juni bis Juli und September mit Überwinterung bis zur Verpuppung im April des Folgejahres.

Flugzeit	J	F	M	A	M	J	J	A	S	O	N	D
Raupen	J	F	M	A	M	J	J	A	S	O	N	D

9

10

11

Faulholzmotten *Oecophoridae*

1. *Crassa unitella*

Der Falter ist bräunlich mit stark befransten Flügelspitzen und gelber Behaarung des Kopfes. Spannweite bis 1,6 cm. Flugzeit: in einer Generation von Mai bis August. Die Raupe lebt von September mit Überwinterung und Verpuppung im Mai des Folgejahres unter der Rinde von abgestorbenen Bäumen wie Eichen, Ulmen, Apfelbäumen und anderen. Der Lebensraum sind Laubwälder, Feldgehölze, Streuobstwiesen und Gärten.

Flugzeit	J	F	M	A	M	J	J	A	S	O	N	D
Raupen	J	F	M	A	M	J	J	A	S	O	N	D

2. *Bisigna procerella*

Falter mit orangener Grundfärbung und befransten Flügelspitzen. Schmale, weiße, schwarz eingefasste Querlinien überziehen die Vorderflügel. Spannweite bis 1,3 cm. Flugzeit: in einer Generation von Juni bis August. Die Raupe nutzt in einer selbst erstellten Gespinströhre Flechten an der Rinde von Bäumen, von September mit Überwinterung und Verpuppung im Mai des Folgejahres. Lebensraum finden die Falter in Laubwäldern, Parks und Gärten.

Flugzeit	J	F	M	A	M	J	J	A	S	O	N	D
Raupen	J	F	M	A	M	J	J	A	S	O	N	D

3. *Harpella forficella*

Die Vorderflügel sind in breiten Längsstreifen braun und gelb gefärbt und machen die Art unverwechselbar. Die Hinterflügel sind graubraun. Spannweite bis 2,9 cm. Flugzeit: in einer Generation von Juni bis September. Die Raupe überwintert und verpuppt sich von April bis Mai im toten, modernden Laubholz von dem sie lebt. Lebensraum sind Laub- und Laubmischwälder.

Flugzeit	J	F	M	A	M	J	J	A	S	O	N	D
Raupen	J	F	M	A	M	J	J	A	S	O	N	D

1

2

3

4. *Oecophora bractella*

Die Vorderflügel sind halb gelb und halb dunkelbraun mit je zwei hellblauen, violett schimmernden, kurzen Querbinden. Kopf und Brust sind gelb gefärbt. Spannweite bis 1,8 cm. Flugzeit: in einer Generation von Mai bis Anfang August. Die Raupe lebt von Herbst mit Überwinterung bis zur Verpuppung im März oder April in Totholz oder unter der Rinde absterbender Laubbäumen wie Eiche, Pappel, Weide, Rotbuche und anderen und besiedelt hauptsächlich Mischwälder und Parks.

Flugzeit	J	F	M	A	**M**	**J**	**J**	**A**	S	O	N	D
Raupen	**J**	**F**	**M**	**A**	M	J	J	A	**S**	**O**	**N**	**D**

5. Balanzierstabmotte *Stathmopoda pedella*

Der Falter sieht unverwechselbar aus, mit den gelb und dunkelbraunen Querstreifen und den weit seitlich abgespreizten Vorderbeinen. Spannweite bis 1,6 cm. Flugzeit: in einer Generation von Juni bis Juli. Die Raupe lebt von August bis September in den grünen, weiblichen Kätzchen von Erlen, die dabei braunfleckig werden und durch ausgestoßenen Kot kenntlich sind. Die Falter leben in Auwäldern, in Erlenbruchwäldern, an Gewässerufern mit Erlen.

Flugzeit	J	F	M	A	M	**J**	**J**	A	S	O	N	D
Raupen	J	F	M	A	M	J	J	**A**	**S**	O	N	D

6. Buchenmotte *Diurnea fagella*

Die Grundfarbe ist hellgrau mit dunkelbraunem Fleckenmuster. Die Weibchen sind mit ihren verkürzten Flügeln nicht flugfähig. Spannweite bis 3 cm. Flugzeit: in einer Generation von Ende Februar bis Mai. Die junge Raupe verbringt die ganze Zeit in einem Gehäuse, das durch das Aufeinanderspinnen von zwei Blättern entsteht und ernährt sich darin durch Schabefraß, überwintert und verpuppt sich darin und fällt zu Boden. Die Raupen nutzen von August bis November Buche, Feldulme und Birke. Lebensraum sind Laubwälder und Feldgehölze.

Flugzeit	J	**F**	**M**	**A**	**M**	J	J	A	S	O	N	D
Raupen	J	F	M	A	M	J	J	**A**	**S**	**O**	**N**	D

4

5

6

Gespinstmotten *Yponomeutidae*

1. Faulbaum-Gespinstmotte *Yponomeuta plumbella*

Flügel weiß mit schwarzen Punkten. In der Mitte befindet sich ein größerer schwarzer Fleck. Spannweite bis 2 cm. Flugzeit: in einer Generation von Juli bis Ende August. Die Raupen leben im Juni in großen Ansammlungen in Gespinsten an Pfaffenhütchen. Raupen und Falter findet man in Wäldern, Hecken, Gebüsch und auch Gärten.

Flugzeit	J	F	M	A	M	J	J	A	S	O	N	D
Raupen	J	F	M	A	M	J	J	A	S	O	N	D

2. Traubenkirschen-Gespinstmotte *Yponomeuta evonymella*

Flügel weiß mit feinen, regelmäßig angelegten schwarzen Punkten. Spannweite bis 1,9 cm. Flugzeit: in einer bis zwei Generationen von Juli bis Ende August an Waldrändern, Hecken und in Gärten. Die Raupe lebt von Mai bis Juni in ausgedehnten Gespinsten an Traubenkirschen Faulbaum, und weiteren Laubhölzern. Bei Massenvermehrung werden die Gehölze oft vollständig mit Gespinst überzogen und kahl gefressen. Die Sträucher erholen sich mit dem Johannistrieb aber relativ schnell wieder.

Flugzeit	J	F	M	A	M	J	J	A	S	O	N	D
Raupen	J	F	M	A	M	J	J	A	S	O	N	D

1

2

2

2

3. Kirschblütenmotte
Argyresthia pruniella

Die Vorderflügel sind braun mit einem langgezogenen, breiten, weißen Streifen am Flügelhinterrand. Spannweite bis 1,3 cm. Flugzeit: von Mai bis Ende August in Laubwäldern, Obstgärten und Streuobstwiesen. Die Raupe lebt von April bis Mai an den Blütenknospen von Kirschblüten, Birnen, Mehlbeeren und Hasel kann manchmal, bei Massenvermehrung, Schaden anrichten.

Flugzeit	J	F	M	A	**M**	**J**	**J**	**A**	S	O	N	D
Raupen	J	F	M	**A**	**M**	J	J	A	S	O	N	D

4. Erlenblütenmotte
Argyresthia goedartella

Die Spannweite der Flügel liegt zwischen 10 und 13 mm. Die Art ähnelt A. brockeella und hat im Unterschied zu ihr eine Y-förmige, messingfarbene Zeichnung, die sie gut bestimmbar macht. Diese kann jedoch auch stark variieren und gänzlich messingfarben überzogen sein. Die Raupen minieren nach dem Schlupf bis zum Herbst in den männlichen Kätzchen oder frischen Trieben von Birke (*Betula* sp.) oder Schwarz-Erle (*Alnus glutinosa*). Sie überwintern und lassen sich im darauf folgenden Jahr Ende März bis April an einem Seidenfaden zu Boden, wo sie sich später an den Stämmen, in den Ritzen oder unter loser Borke verpuppen. Die Falter erscheinen in einer Generation von Mai bis Anfang September. Der Lebensraum besteht aus lichten Wäldern mit Birken und Erlenanteilen vom Flachland bis in Gebirgshöhen von über 2000 m. Die Art ist in Mittel- und Nordeuropa, nach Osten bis Russland, nach Westen bis Südfrankreich verbreitet.

Flugzeit	J	F	M	A	**M**	**J**	**J**	**A**	**S**	O	N	D
Raupen	**J**	**F**	**M**	**A**	**M**	**J**	**J**	**A**	**S**	**O**	**N**	**D**

4

3

4

Langhornmotten *Adelidae*

1. Liguster-Langhornmotte
Adela croesella

Dunkelbraune, violett schimmernde Flügel mit breiter gelber Querbinde und schmalen, mit schwarzen Strichen unterbrochenen, gelben Längsbinden an der Flügelbasis. Die Antennen der Männchen sind mehr als doppelt so lang wie die Vorderflügel, beim Weibchen nur wenig länger als diese. Spannweite bis 1,4 cm. Flugzeit: in einer Generation von Anfang Mai bis Mitte Juni. Die Falter leben an sonnenbeschienen Hecken, Wald- und Gebüschrändern und auch im Siedlungsbereich. Die Raupe miniert an Büschen wie Liguster, Sanddorn und anderen von Juni bis zur Überwinterung und Verpuppung im April des Folgejahres.

Flugzeit	J	F	M	A	M	J	J	A	S	O	N	D
Raupen	J	F	M	A	M	J	J	A	S	O	N	D

2. Gebänderte Langhornmotte
Nemophora degeerella

Die Flügel sind gelb und weisen braune Längsstreifen und eine breite gelbe Querbinde auf. Spannweite bis zu 2,3 cm. Flugzeit: in einer Generation von Mai bis Juli. Lebensraum sind feuchte, beschattete Standorte in lichten Laubwäldern, auch im Siedlungsbereich. Die Raupen minieren in den Blättern krautiger Pflanzen, wie z.B. Buschwindröschen, Ampfer, Heidelbeere und anderen und leben später am Waldboden in einem aus Pflanzenteilen zusammengewobenen Köcher, von August bis zur Überwinterung und Verpuppung im April des Folgejahres.

Flugzeit	J	F	M	A	M	J	J	A	S	O	N	D
Raupen	J	F	M	A	M	J	J	A	S	O	N	D

1

2

2

3. Metallische Langhornmotte
Nemophora metallica

Vorderflügel golden bis bronzefarben glänzend, am Flügelaußenrand schwarz bestäubt mit schwarzen Flügelfransen. Kopfbehaarung rostrot. Spannweite bis zu 2 cm. Flugzeit: in einer Generation von Juni bis August. Bevorzugter Lebensraum sind extensiv genutzte Wiesen, auch Streuwiesen oder unverbuschte Bach- und Wegränder, Trockenrasen und Ruderalflächen. Die Raupe lebt ab September am Blütenboden von Witwenblumen und Skabiosen, spinnt sich später am Boden in einen Sack aus Pflanzenteilen zur Überwinterung ein und verpuppt sich im Mai des Folgejahres.

Flugzeit	J	F	M	A	M	J	J	A	S	O	N	D
Raupen	J	F	M	A	M	J	J	A	S	O	N	D

4. Hellbraune Langhornmotte
Nematopogon swammerdamella

Die Vorderflügel sind hellbraun mit einer unauffälligen dunkleren Musterung. Der Kopf hat eine rötlichgelbe Behaarung. Spannweite bis 2,1 cm. Flugzeit: in einer Generation von Ende März bis Juni. Die Raupe miniert ab Juni in Blättern von Eichen und Buchen, spinnt sich einen Sack aus Pflanzenteilen, lässt sich zu Boden fallen, um sich zur Überwinterung zu verpuppen, und schlüpft im März des Folgejahres. Lebensraum sind Laubwälder, und Buchen-Fichten-Tannenmischwälder, auch Waldränder, Gärten und Parks mit Gehölzbestand.

Flugzeit	J	F	M	A	M	J	J	A	S	O	N	D
Raupen	J	F	M	A	M	J	J	A	S	O	N	D

1

3

4

Miniermotten *Gracilliariidae*

1. Kohlschabe
Plutella xylostella

Die Vorderflügel sind sehr variabel gefärbt, ihre Grundfarbe kann von braungrau bis nach grau und dunkelbraun reichen. In der Mitte der Flügel verläuft längs eine gewellte helle Längslinie, die die Flügel in einen unteren, dunkelbraunen und einen oberen, hellbraunen Teil trennt. Die Art gehört zu den Wanderfaltern und fliegt immer wieder ein. Bis 1,8 cm Spannweite. Flugzeit: in mehreren Generationen von Mai bis Oktober. Die Raupe nutzt Kohl und andere Kreuzblütler von Juni bis Juli und August bis Oktober.

Flugzeit	J	F	M	A	M	J	J	A	S	O	N	D
Raupen	J	F	M	A	M	J	J	A	S	O	N	D

2. *Micropterix tunbergella*

Kopfbehaarung gelb, an der Fühlerbasis rostgelb. Fühler hell bräunlich, Vorderflügel messingfarben mit rotviolett schillernden Flecken. Spannweite bis 1 cm. Über die Lebensweise des Falters ist noch wenig bekannt. Die Art bewohnt sonnige, warme Laubmisch- und Auwälder. Die tagaktiven Falter ernähren sich von den Pollen von Eiche und Ahorn, aber auch anderen Pflanzen. Flugzeit: zwischen Ende März und Juni in einer Generation.

Flugzeit	J	F	M	A	M	J	J	A	S	O	N	D
Raupen	J	F	M	A	M	J	J	A	S	O	N	D

3. Anthrazitmotte
Euplocamus anthracinalis

Die Vorderflügel sind schwarz und weisen unterschiedlich große, weiße Flecken auf. Die Fransen haben ein schwarz-weißes Streifenmuster. Die Behaarung an Kopf und Schulter ist gelb. Die Antennen der Männchen sind zweireihig gekämmt. Bis zu 3,4 cm Flügelspannweite. Flugzeit: in einer Generation von Mai bis August. Lebensraum sind lichte Laubwälder, Waldränder und Waldlichtungen. Die Raupen verzehren Baumschwämme an faulem Holz von Eiche, Buche und anderen Laubhölzern von August mit Überwinterung bis April des Folgejahres.

Flugzeit	J	F	M	A	M	J	J	A	S	O	N	D
Raupen	J	F	M	A	M	J	J	A	S	O	N	D

1

2

3

4. *Tinea trinotella*

Der Falter hat am Kopf eine gelbe Behaarung. Die Vorderflügel sind hellbraun mit drei markanten, größeren, schwarzen Punkten. Spannweite bis 1,9 cm. Flugzeit: in zwei Generationen von April bis August. Die Raupen leben im Juni und von September mit Überwinterung bis März des Folgejahres in Gespinströhren in den Nestern von Singvögeln wie Buchfinken, Grünfinken und anderen und ernähren sich von den wolligen und haarigen Bestandteilen des Nestes. Lebensräume sind lichte Laubwälder, gebüschreiche Wiesen und Hochstaudenfluren, auch im Siedlungsbereich.

Flugzeit	J	F	M	A	M	J	J	A	S	O	N	D
Raupen	J	F	M	A	M	J	J	A	S	O	N	D

5. Kastanienminiermotte *Cameraria ochridell*

Grundfärbung orange bis ockerbraun, Vorderflügel mit weißen und schwarzen Querstreifen. Die Flügelenden sind abgerundet und mit Haarfransen besetzt. Flügelspannweite bis zu 0,9 cm. Flugzeit: in drei bis vier Generationen von April bis September. Die Raupe miniert von Mai bis Oktober die Blätter von Rosskastanien, was zu deren Austrocknen und Verwelken führt jedoch nach bisherigen Beobachtungen die Bäume nicht nachhaltig schädigt. Die Art wanderte seit den 1980er Jahren aus dem Südosten Europas ein und hat sich stark ausgebreitet. Lebensraum gibt es überall wo Rosskastanien vorkommen.

Flugzeit	J	F	M	A	M	J	J	A	S	O	N	D
Raupen	J	F	M	A	M	J	J	A	S	O	N	D

4

5

5

5

6. Buchenminiermotte
Phyllonorycter maestingella

Die Vorderflügel sind metallisch glänzend gelb bis braun, vorne zum Kopf mit je zwei weißen Längsstreifen. In den hinteren Flügelhälften mit je vier, vom Flügelvorderrand ausgehenden, schwarz gesäumten, weißen Querstreifen und je drei, vom Flügelhinterrand ausgehenden weißen Streifen. Das stark verbreiterte Flügelende ist mit Haarfransen besetzt. Spannweite bis zu 1 cm. Flugzeit: in zwei Generationen von April bis Juni und von August bis September. Die Raupen minieren von Juli bis Oktober in den Blättern der Rotbuche. Die Verpuppung und Überwinterung findet im Blatt statt, das zu Boden fällt. Lebensraum sind Buchenwälder und Gehölzstandorte mit Buchen.

Flugzeit	J	F	M	**A**	**M**	**J**	J	**A**	**S**	O	N	D
Raupen	J	F	M	A	M	J	**J**	**A**	**S**	**O**	N	D

7. Ectoedemia intimella

Falter schwarz beschuppt mit einem lila Schimmer und je einem weißlichgelben Fleck auf den Vorderflügeln. Der Kopf ist gelb bis orange behaart. Die Fühler gelb. Die Hinterränder der Flügel tragen borstenartige Fransen. Spannweite bis 0,7 cm. Flugzeit: Juni bis Juli in einer Generation. Die Raupe ist ein Blattminierer an Weidenarten in lichten Auwäldern, an Waldrändern und auch in Moorrandwäldern von Oktober bis November.

Flugzeit	J	F	M	A	M	**J**	**J**	A	S	O	N	D
Raupen	J	F	M	A	M	J	J	A	S	**O**	**N**	D

6

6

7

Sackträger *Psychidae*

1. Fächerfühler-Sackträger
Ptilocephala plumifera

Die Flügel der schwer zu bestimmenden schwarzen Falter sind durchscheinend und wenig behaart, aber mit einem Saum schwarzer Fransen. Die Fühler sind ausgeprägt groß, fächerförmig und haben 20–28 Glieder. Kopf und Körper der Falter sind stark behaart. Flügelspannweite der Männchen bis zu 1,8 cm. Die Weibchen sind flügellos, walzenförmig, bräunlich gelb und bis 0,6 cm lang. Flugzeit: in einer Generation von Mitte Februar bis Ende Juli auf sonnigen, warmen und trockenen Bergwiesen mit Felspartien, Weiden und Trockenrasen. Nahrungspflanze der Raupe sind verschiedene niedrige Pflanzen wie Ampfer, Thymian, Wiesensalbei, Heidekraut und andere von September bis zur Überwinterung und Verpuppung im April des Folgejahres.

Flugzeit	J	F	M	A	M	J	J	A	S	O	N	D
Raupen	J	F	M	A	M	J	J	A	S	O	N	D

2. Ockergelber Gitter-Sackträger
Bijugis bombycella

Die Flügelspannweite beträgt 9 bis 20 mm. Das Männchen ist gelblich braun gefärbt und trägt ein gitternetzartiges Zeichnungsmuster auf den Vorderflügeln. Die je nach Geschlecht etwa 5 bis 20 mm langen Säcke der Raupe sind aus längs übereinander geschichteten Grashalmen zusammengesponnen. Nach der Überwinterung der Raupe im Sack findet ab ca. Ende April/Anfang Mai die Verpuppung statt. Die Männchen fliegen abhängig von Standort und Witterungsbedingungen zwischen Mitte Mai und Anfang August in einer Generation bevorzugt auf mageren, ungedüngten, sonnigen, warmen Wiesen von Meeresniveau bis auf ca. 2000 m Höhe. Die Art ist bis auf den Norden über ganz Europa verbreitet.

Flugzeit	J	F	M	A	M	J	J	A	S	O	N	D
Raupen	J	F	M	A	M	J	J	A	S	O	N	D

1

2

Fensterfleckchen *Thyrididae*

1. Waldreben-Fensterschwärmerchen *Thyris fenestrella*

Dunkelbraun gefärbte Flügel mit rotbraunem und gelblichem Fleckenmuster. Etwa in der Mitte der Flügel sind je zwei weißlich, transparente Flecken, die auf den Hinterflügeln ausgedehnter erscheinen und dem Falter den Namen verleihen. Am Hinterleib finden sich zwei weiße, schmale Streifen. Spannweite etwa bis 1,5 cm. Flugzeit: in einer Generation pro Jahr von Mai bis Ende Juli an feuchten und warmen Waldrändern, bevorzugt in Auwäldern nahe von Gewässern; an warmen Orten kann noch eine zweite Generation ausgebildet werden. Raupe von Juli bis August ausschließlich an Echter Waldrebe und anderen Waldrebenarten, deren Blätter sie rollt und zusammenspinnt. Vor allem im Süden Deutschlands, jedoch nicht häufig.

Flugzeit	J	F	M	A	M	J	J	A	S	O	N	D
Raupen	J	F	M	A	M	J	J	A	S	O	N	D

1

1

1

Federmotten *Pterophoridae*

1. *Cnaemidophorus rhododactyla*

Grundfarbe orangebraun. Vorderflügel zweifach, Hinterflügel dreifach halbbogenförmig eingeschnitten. Eine gewinkelte, weiße Querbinde zieht sich über die Vorderflügel. Das erste Drittel des Rückens ist weiß. Spannweite bis 2,6 cm. Flugzeit: in einer Generation von Juni bis August an Waldrändern, verbuschten Hängen und Gärten. Die Falter sind nachtaktiv und werden vom Licht angelockt. Raupe in einem Gespinst an Trieben und später bis zur Überwinterung an Knospen verschiedener Rosenarten wie Hunds-Rose, der Bibernell-Rose und weiteren. Verpuppung im Juni.

Flugzeit	J	F	M	A	M	J	J	A	S	O	N	D
Raupen	J	F	M	A	M	J	J	A	S	O	N	D

2. *Platyptilia gonodactyla*

Grundfarbe hellbraun mit je einem dreiecksförmigen, dunkelbraunen Fleck auf den Vorderflügeln. Spannweite bis 2,8 cm. Flugzeit: in zwei Generationen von Mai bis Juni und Juli bis September an feuchten Wald- und Wegrändern, Teichufer, Felder und Äcker. Raupen von März bis April, miniert zuerst in den Blättern und frisst später an der Blattunterseite von Huflattich und Pestwurz. Zur Überwinterung bohren sie sich in den Wurzelstock und fressen im folgenden Frühjahr in den unteren Blütenteilen, wo sie sich auch meist verpuppen. Sommergeneration miniert Blätter und frisst später daran.

Flugzeit	J	F	M	A	M	J	J	A	S	O	N	D
Raupen	J	F	M	A	M	J	J	A	S	O	N	D

1

2

3. Schlehengeistchen
Pterophorus pentadactyla

Einer der größten Vertreter innerhalb der Gattung. Grundfarbe weiß. Vorderflügel zwei-, Hinterflügel dreifach gespalten und sehen federartig-fransig aus. An den Beinen spornartige Fortsätze. Spannweite bis 3,5 cm. Flugzeit: in einer Generation von Mai bis September an grasreichen Stellen mit Gebüschen, auf Äckern, in Gärten sowie auf Brachflächen; unter günstigen Bedingungen kann im August auch eine zweite Generation entstehen. Raupe von September bis zur Überwinterung und Mai des Folgejahres an Ackerwinde und Echter Zaunwinde, Klee sowie Kreuzdorn, Rosen, Weiden und Schlehe. An den benagten Blättern bilden sich braune Flecken. Später fressen die Raupen auch an der Blattoberseite sowie an Blütenknospen und Blüten. Häufig.

Flugzeit	J	F	M	A	M	J	J	A	S	O	N	D
Raupen	J	F	M	A	M	J	J	A	S	O	N	D

4. *Gillmeria pallidactyla*

Der Falter hat eine bräunlich-weiße Grundfärbung mit einer etwas dunkleren braunen Zeichnung. Spannweite bis zu 2,7 cm. Flugzeit: in einer Generation von Juni bis Juli. Die Raupe lebt von Juli bis zur Überwinterung für die sich in den Stängel bohrt und dann bis Mai des Folgejahres an Schafgarbe. Falter leben auf Wiesen, Ruderalflächen und Dämmen.

Flugzeit	J	F	M	A	M	J	J	A	S	O	N	D
Raupen	J	F	M	A	M	J	J	A	S	O	N	D

3

3

4

Glossar

Biotop: Lebensraum

Diapause: Bezeichnet einen durch Hormone gesteuerten Ruhezustand bei Insekten und anderen Wirbellosen, um längere Kälte-, Trocken- oder Hitzeperioden zu überstehen.

Endemit: Eine Tier- oder Pflanzenart, die nur in einem geografisch eng begrenzen Bereich vorkommt ist endemisch.

Entomologie: Insektenkunde

Gattung: Steht in der Hierarchie oberhalb der Art und kann eine einzige, aber auch viele Arten enthalten.

Generation: Die Zugehörigkeit zu einer Entwicklungsabfolge (Faltergeneration) von Ei, Raupe, Puppe und Schmetterling

Genitalien, Genitaluntersuchung,-präparation: Die Fortpflanzungsorgane, die am Hinterleib liegen, können durch eine Präparation am Mikroskop zur Unterscheidung herangezogen werden – was allerdings mit der Tötung des Tieres verbunden ist. Bei einigen Arten lässt sich das betäubte Tier auch durch die vorsichtige Entfernung der Haare und Schuppen mit einem Pinsel am Hinterleib bestimmen.

Habitat: Biotop, Lebensraum

Habitus: Das äußere Erscheinungsbild

Imago, (Plural Imagines): Das auf das Ei, Raupen-, Puppenstadium folgende, fertig entwickelte, zur Fortpflanzung fähige Insekt.

Lepidoptera: Die Ordnung der Schmetterlinge

Lepidopterologie: Schmetterlingskunde

Nomenklatur: Die zoologische, wissenschaftliche Namensgebung

Palpen: Vor allem dem Tasten dienende Anhänge am Kopf verschiedener wirbelloser Tiere

Tribus: Ist eine Bezeichnung für die Angehörigen einer Artengruppe, die in der Rangfolge zwischen Gattung und Unterfamilie angeordnet ist.

Taxonomie: Ist die Bezeichnung für die Einordnung eines Lebewesens in ein meist abstammungsgeschichtlich begründetes Ordnungssystem.

Literaturverzeichnis

G. Ebert (Hrsg.): Die Schmetterlinge Baden-Württembergs, Bd 1–10, Ulmer Verlag.

Bräu, M, Bolz, R., Kolbeck, H. Nunner, A. Voith, J. & Wolf, W. (2013):Tagfalter in Bayern.- Stuttgart, Verlag Eugen Ulmer.

Pro Natura-Schweizerischer Bund für Naturschutz: Tagfalter und ihre Lebensräume, Fotorotar AG, 1987.

J. Blab, Th. Ruckstuhl, Th. Esche, R. Holzberger,: Aktion Schmetterling-So können wir sie retten, Ravensburger Buchverlag, 1987.

H.J. Weidemann: Tagfalter, Band 1 & 2, Neumann-Neudamm, 1986–1988.

J. Settele, R. Steiner, R. Reinhard, R. Feldmann: Schmetterlinge – Die Tagfalter Deutschlands, Ulmer Verlag, 2005.

J. Settele, R. Feldmann, R. Reinhard: Die Tagfalter Deutschlands, Ulmer Verlag, 1999.

H. Bellmann: Der neue Kosmos Schmetterlingsführer, Franckh-Kosmos Verlag, 2003.

J.H. Reichholf: Schmetterlinge, BLV, 2001.

R. Gerstmeier: Schmetterlinge, Kosmos, 2000.

Th. Bühler-Cortesi: Schmetterlinge: Tagfalter der Schweiz, Haupt Verlag, 2009.

I. Novak, F. Severa: Der Kosmos Schmetterlingsführer, Franckh-Kosmos Verlag, 1992.

C.Stettmer, M. Bräu, P. Gros, O. Wanninger: Die Tagfalter Bayerns und Österreichs, Laufen 2007.

T. Tolman, R. Lewington: Die Tagfalter Europas und Nordwestafrikas, Kosmos, 1998.

M. Koch: Schmetterlinge, Neumann-Neudamm, 1984.
J. Settele, O. Kudrna, A. Harpke, I. Kühn, C.v. Swaay, R. Verovnik, M. Warren, J. Hanbspach, T. Hickler, E. Kühn, I.v. Halder, K. Veling, A. Vliegenthart, I. Wynhoff, O. Schweiger: Climatic Risk Atlas of European Butterflies, Pensoft.

F. Sauer: Tagfalter Europas-nach Farbfotos erkannt, Fauna Verlag 1992.

L.G. Higgins, N.D. Riley: Die Tagfalter Europas und Nordwestafrikas, Parey Verlag, 1978.

R. Thust, G. Kuna, R. P. Rommel: Tagfalter in Thüringen-Naturschutzreport Heft 23, Thüringer Landesanstalt für Umwelt und Geologie, 2006.

R. Pähler, H. Dudler: Die Schmetterlingsfauna von Ostwestfalen-Lippe und angrenzender Gebiete in Nordhessen und Südniedersachsen Band 1 & 2, Eigenverlag, 2010, 2013.

Steiner, A., Ratzel, U., Top-Jensen, M. & Fibiger, M: Die Nachtfalter Deutschlands. Ein Feldführer. – Bugbook Publishing, 2014.

Internet

Lepidopterologische Vereine und Arbeitsgruppen und im Schmetterlingsschutz tätige Naturschutzverbände in Deutschland
Lepiforum e.V. http://www.lepiforum.de/lepidopterenforum/forum/verein.htm

Deutsche Forschungszentrale für Schmetterlingswanderungen
http://www.entomologenportal.de/

ACTIAS-Forum, Internetbörse für Insekten, Spinnen und Käfer:
http://www.actias.org/
http://www.pyrgus.de/

Portal für Schmetterlinge und Raupen, von Walter Schön.
http://www.schmetterling-raupe-de/
www.euroleps.ch/

Schmetterlinge Europas und Nordafrikas
http://www.leps.it/

Deutsche Forschungszentrale für Schmetterlingswanderungen e.V., DFZS
http://www.dfzs.info/

Wanderfalterbeobachtung der DFZS
http://www.science4you.org/

Tagfalter-Monitoring in Deutschland
http://www.tagfalter-monitoring.de/

Wanderfalter-Monitoring der DF ZS
http://www.science4you.org/platfom/monitoring/index.do

Arbeitsgemeinschaft Bayerischer Entomologen e. V.
http://www.abe-entomofaunistik.de/

Münchner Entomologische Gesellschaft e.V.
http://www.zsm.rnwn.de/meg/index.html

Entomologischer Verein Stuttgart 1869 e.V.
http://www.entomologie-stuttgart.de/

Thüringer Entomologenverband e.V.
http ://www.thueringer-entomologenverband.de/

Entomologischer Verein Apollo e.V., Frankfurt
http://www.apollo-frankfurt.de/

Entomologischer Verein Krefeld e.V.
http://entomologica.de/

Arbeitsgemeinschaft der Hessischen Lepidopterologen
http://www.arge-helep.de/

Arbeitsgemeinschaft ostwestfälisch-lippischer Entomologen e.V., Bielefeld
http://www.nwv-bielefeld.de/arbeitsgruppen/entomologie/

Arbeitsgemeinschaft Rheinisch-Westfälischer Lepidopterologen, Düsseldorf
http://www.ag-rh-W-lepidopterologen.de/

Entomologische Gesellschaft Orion Berlin (gegr. 1890)
http://www.orion-berlin.de/

Verein für Naturwissenschaftliche Heimatforschung zu Hamburg e.V.
http://www.entomologie.de/hamburg/

Entomologische Gesellschaft Basel (Schweiz)
http://www.egbasel.ch/

Butterflies and Moths of the Netherlands (Niederlande)
http://www.leps.nl/

Vlindernet (Niederlande)
http://www.vlindernet.nl/

Lépi" Net – Les Carnets du Lépidoptériste Français (Frankreich)
http://www.lepinet.fr/

Jeff Higgott"s UK Lepidcptera (Großbritannien),
http://www.ukleps.co.uk/

Ian Kimber's UK moths (Großbritannien)
http://ukmoths.org.uk/

Reg Fry's UKLeps (Großbritannien)
http://www.ukleps.org/

Societas Europaea Lepidopterologica, S.E.L.
http://www.soceurlep.org/

Naturschutzverbände:

Bund für Umwelt und Naturschutz Deutschland(BUND)
Bundesgeschäfttsstelle
am Köllnischen Park 1
10179 Berlin
Tel. 030 / 27 58 64-0
E-Mail: bund@bund.net
www.bund.net

Bund Naturschutz in Bayern e.V.
Dr. Johann-Maier-Str. 4
93049 Regensburg
Tel. 09 41 / 2 97 20-0
E-Mail: info@bund-naturschutz.de
www.bund-naturschutz.de

Naturschutzbund Deutschland e.V. NABU
Charitestr. 3
10117 Berlin
Tel. 030 / 28 49 84-0
E-Mail: NABU@NABU.de
www.nabu.de

Register

Z